U0107330

THE
INTEGRITY
OF
THE
PERSONALITY

完整人格的塑造

心理治疗师谈自我实现

[英] 安东尼·斯托尔 著
（Anthony Storr）

姜帆 译

机械工业出版社
CHINA MACHINE PRESS

图书在版编目（CIP）数据

完整人格的塑造：心理治疗师谈自我实现 /（英）安东尼·斯托尔（Anthony Storr）著；姜帆译. —北京：机械工业出版社，2023.5（2023.11 重印）

书名原文：The Integrity of the Personality

ISBN 978-7-111-73095-8

Ⅰ. ①完… Ⅱ. ①安… ②姜… Ⅲ. ①人格心理学 Ⅳ. ①B848

中国国家版本馆 CIP 数据核字（2023）第 073190 号

机械工业出版社（北京市百万庄大街 22 号　邮政编码 100037）
策划编辑：朱婧琬　　　　　　　责任编辑：朱婧琬
责任校对：潘　蕊　张　薇　　　责任印制：单爱军
北京联兴盛业印刷股份有限公司印刷
2023 年 11 月第 1 版第 2 次印刷
147mm×210mm·6.25 印张·1 插页·117 千字
标准书号：ISBN 978-7-111-73095-8
定价：59.00 元

电话服务　　　　　　　　　网络服务
客服电话：010-88361066　　机 工 官 网：www.cmpbook.com
　　　　　010-88379833　　机 工 官 博：weibo.com/cmp1952
　　　　　010-68326294　　金 书 网：www.golden-book.com
封底无防伪标均为盗版　　　机工教育服务网：www.cmpedu.com

The Integrity of the Personality 目　录

序　言

唯有哲学能自诩（也许这仅仅是哲学的自诩），她温柔的双手能根除人类心灵中根深蒂固的盲信。

——爱德华·吉本（Edward Gibbon）[1]

精神分析治疗不是，也可能永远不会成为一门精确的科学。心理治疗会面临错综复杂的情况，它是两种不完全为人所知的变量间的互动——治疗师与患者的互动。尽管我们竭尽全力地去了解这两种变量，但我们对心理治疗的观察永远无法做到完全的客观。客观之所以如此之难，并非仅仅因为患者与治疗师的关系十分复杂，还因为治疗师在观察患者时，难免持有特定的观点，因此必然会对患者做出某些假设。在一定程度上，心理治疗师本人对人性的信念，既决定了他会在患者身上发现什么，也决定了他会将哪些发现视为重中之重。心理治疗师应尽可能地觉察自身的基本信念，这是非常重要的，因为，尽管治疗师也许永远也做不到客观，但如果他连自己工作的假设都不知道，那必然会更加远离客观之道。

作为一名心理治疗师，我写作本书，是为了尝试用简单的语言来定义我工作时的基本假设。我逐渐意识到，我们在做心理治疗工作的时候，必然会对人性持有一定的假设，而我认为尝试弄清自己的假设是一件很重要的事情。有些人在尝试用科学的态度来武装自己，他们可能会否认自己持有任何基本信念，并坚称他们所说的任何有关心理治疗的话，都来自观察的经验，但事实证明，他们的这种自信却与事实大相径庭。我们在观察的时候，必然会受限于某种假设的框架。我们来看看历史学家的例证吧。赫伯特·巴特菲尔德（Herbert Butterfield）[2] 在《基督教与历史》（*Christianity and History*）一书中写道：

无论是历史学的作者，还是其他教师，如果他们自认为不是基督徒，并未皈依宗教，或是在工作中不遵循任何教条，在讨论历史时不带任何预设，那就大错特错了。无论是历史学家，还是其他学科的学者，最盲目的就是那些不能审视自身预设，还天真地以为自己没有任何预设的人。

历史学家如此，心理治疗师必定也是如此，而后者似乎更应努力认识自己的参考框架。唯有如此，他才能根据事实对其进行修正。精神分析或分析心理学这样宏伟壮丽的思想殿堂很容易成为思想的闭环；身处其中，你得出的任何观察结论，都建立在现存的假设之上，而你却从不去质疑假设本身。这种思想架构已经变得极为复杂，使你难以发掘出它的基本假设。

有一种广为传播的理念说，科学家在自己的领域内，绝不会固守某种理论，除非这种理论有着确凿的证据。事实却并非如此。科学家就像小说家和诗人一样，对宇宙有着自己的看法，而他们的看法并非主要建立在证据之上。譬如，爱因斯坦[3]曾说："理论能用实验来验证，但理论的诞生却与实验无关。"尽管科学理论并非主要建立在证据的基础之上，但科学家绝不会满足于毫无证据支持的理论，如果找不到支持的证据，他就会修改自己的理论。就这一点而言，科学家确实与艺术家不同，艺术家的观点无须其他佐证，他的观点也不必与外界赤裸裸的现实紧密相连——因此，只要艺术家心满意足，就不必改变自己的看法。

学院派的心理学家力求做到科学严谨，对于人类的本性，他们也不敢妄言，只谈那些能够被实验证实的结论。如此一来，他们不得不忽视许多对人类显然很重要的议题，所以在许多人看来，他们的研究枯燥乏味、全无生气。但即便是最依赖实验的心理学家，其假设也是未经检验的，这是不可避免的：尽管实验室的工作人员能自我设限，只关注有限的人性方面，但心理治疗师必须面对完整的人，他们不得不在有瑕疵的假设基础上工作，这些假设不仅未经检验，还可能无法检验。

即便是智力测验，也建立在这样的假设之上：存在一种大体上独立的心理功能，而我们可以将其称为"智力"。要想证实这个假设也绝非易事：看到心理学实验室里的研究人员也承认这一点，心理治疗师颇感欣慰。爱丽丝·威妮弗雷德·海姆（Alice Winifred Heim）[4] 在她的著作《智力评估》（*The Appraisal of Intelligence*）中写道：

有一篇综述回顾了智力测验施测人员所收集的材料，发现智力测验有一些隐含的预设，而其中有一些预设，我实在是不敢苟同。对于这些预设，常有公开的讨论，并且学界已经认为它们不足采信，但大多数智力测验的相关研究，却依然默认它们为真理。第一个错误预设，便是认为存在某种单一的"智力"属性，并将其看作单维的、可测量的，只有量的差异，却无质的区分，因此我们大可以将智力做定量对比。

我认为这是心理治疗师应该养成的态度。不过，他们要做到这一点，比那些无须直面人类情感的工作者更为艰难，因为就心理治疗的性质而言，治疗师必然要处理既有情绪意义又有智性意义的概念。对于人类的情绪，俄狄浦斯情结比玻意耳定律的影响更大，我们天生对前者有更深的感触。假说对于我们的影响力，是一个很有趣的心理学议题；我们也许可以提出一种层级结构，其中的一端是假设，另一端则是妄想，而"信念"这个概念介于两者之间。从定义上讲，假设是一种权宜之计，一旦新的发现与之不符，我们就可以随时修改假设。信念则更有浓厚的情绪色彩，要想改变信念，不仅要转变思维，内心也需要改变。妄想是无法修正的，因为妄想的根基一旦动摇，一个人整体的人格就会受到攻击，所以无论有多少与之相悖的事实，妄想都岿然不动。妄想之所以根深蒂固，是因为它借助了情绪的力量（却并非因为它是错误的），这是它的主要特点。我们每个人都有错误的信念，但这些信念不至于变成妄想，因为如有必要，我们能将其修正。但是，有人心存妄想，是因为只有妄想才能使生活变得可以容忍，如此一来，他们会严加戒备，抵抗理性的侵袭。

就其本质而言，心理治疗须关注人生的基本主题。爱与恨、生与死、性欲与权力：面对各种搅扰人心的复杂情绪，是心理治疗师的家常便饭。他所关心的重要主题究竟有何意义；他所面对的人的问题盘根错节，如同未分化的混沌一般，而这些问题能用哪些理论框架来理解？对于这些议题，即使他想做到客观，也难免会产生个人观点。由于这些主题的缘故，心理治疗师的观念必然更像是信念，而不像是假设，如果他们能克制自己的情绪，不至于把观点变成妄想，我们就该心满意足了。

A.N. 怀特海（A.N.Whitehead）[5] 在《科学与现代世界》（*Science and the Modern World*）中写道："每一种哲学都带有些许隐秘的想象色彩，这种痕迹绝不会明明白白地出现在它的推理过程里。"每一种心理学也都是如此，如果能有更多的分析师愿意挺身而出，简单明了地说清自己对人性的信念，阐明工作中的思想背景，也许不同分析心理学派之间的某些沟通困难就会迎刃而解了。如今的心理学界，各门各派各执一词，好比每个人都信奉不同派别的几何学，非要争出个对错，可惜我们却对自己的窘境浑然不知。众所周知，我们想创造出多少种几何学，就能创造出多少种。欧几里得（Euclid）的几何学并非唯一正确，还有其他同样合理且具有内在一致性的几何学，这些学说基于不同的基本假设，有其独特的应用领域。欧几里得把他的基本假设讲得明明白白，毫无疑问，黎曼（Riemann）、闵可夫斯基（Minkowski）及其他数学家也是如此。我们也用同样的态度来对待心理病理学吧。至于我们的基本假设是否尚未得到证实，我们则无须挂怀：其他任何科学的基本假设也都是如此。

从 17 世纪至 20 世纪初，物理学都建立在这样的假设之上：自然的运行规律服从因果律与决定论的框架。因此我们可以推测，如果一个人是实验科学家，那么关于宇宙的本质及其运行规律，他与其他实验科学家便具有相同的基本信念。在这种思想框架之下，我们便认为物质世界独立于科学家的意识，不受他们观察的影响。我们假设，支配宇宙运行的，是一系列亘古不变的规则——自然的法则。每个物质粒子的运行，都应该由先前的事件所决定；未来的走向，则应当完全由过去所主导。要想揭开自然界的全部真理，只需要让一些才华横溢的观察者一步步挖掘事实真相，直到自然规律完全展现在我们的眼前即可，就像精巧的钟表的机械结构展露在钟表匠的面前一样。

这种传统的科学观虽已过时，但其影响力依然巨大，即使科学家已经摒弃了这种看法，但只要有人尝试进行所谓的科学观察，就必然会受这种观念的影响，并自认为他的观察结论是客观的，既不受他本人的影响，也不受他世界观的影响。物理学家发现，如果粒子体积微小，又以高速运动，他们就无法同时确定它的位置与速度；从此之后，他们就放弃了那种"客观"的观点，因为他们无法在观察粒子的同时又不改变它的行为。海森堡不确定性原理阐明了预测的极限。此后，学者们便形成了共识，即观察者与观察对象是无法完全割裂开的。

观察另一个人，是一项极度复杂的任务，只有最差劲的心理治疗师才会意识不到，他所调查的对象会因为他的观察而产生变化。仅仅是与他人共处一室，人的行为都会与独处时有所不同，而患者与治疗师的关系又是如此复杂，任何人都难免会怀疑，在这种情况下，要想客观地观察患者是一件不可能的事。有一种看法认为，心理治疗师是一个完全疏离的观察者，而患者是一台机器，完全不因治疗师的审视而受到影响，这种看法是站不住脚的：尽管心理治疗可能最终会具有一定的客观性，但我相信这是患者与治疗师共同努力的结果，这种状态在治疗关系建立之初是无法达到的，甚至在任何人际关系建立之初，都是无法达到的。

然而，在这一方面，物理学家的表现也好不到哪儿去。沃纳·海森堡（Werner Heisenberg）[6]本人就曾说过：

在自然面前，科学不再标榜自己为客观的观察者，而将自己视为人与自然互动中的主体。分析、解释与归类的科学方法，已经显露出了自身的局限。这种局限之所以会产生，是因为科学的干预会改变和重塑它的研究对象。换言之，方法与对象无法完全被区分开。从真正的意义上讲，科学的世界观已经不再是一种科学的观点了。

要以传统的科学视角来评估心理治疗的情境是极为困难的，其中一个原因就是观察者与观察对象之间存在交互作用，但这不是唯一的原因。在先前的科学框架下，没有自由意志的立足之地，因为，如果每个物质粒子的运行都由先前的事件所决定，未来完全由过去所决定，那么自由意志则是不可接受的。

但我相信，心理治疗师不能将自由意志排除在自己的世界观之外。即使他认为多数心理事件都有明确的决定因素，他在行事时依然要默认他与患者拥有一定程度的选择权，依然有选择不同行为的可能性，依然有决定自己未来的力量——无论这种力量有多小。尽管过去的科学观念里容不下自由意志的概念，但现代物理学不持反对意见。早在1928年，阿瑟·爱丁顿（Arthur Eddington）[7]就在吉福德讲座（Gifford Lecture）中说过：

> 未来既是源自过往的因果推论，也包含了不可预测的元素——这些元素之所以不可预测，不仅是因为我们无法获得进行预测的数据，也是因为在我们的经验里，没有与这些元素存在因果关系的数据。这种观点的转变是很了不起的，我们需要维护这种新的观念。与此同时，我们可能会发现，由于这样的转变，科学也不再反对自由意志了。那些对心理活动持有决定论观点的人也必须转变思想，但这样做，应当是为了心理研究的推陈出新，而不是为了迎合我们对于无机自然界法则的经验知识。

如今的科学哲学观已经与几十年前截然不同。科学已今非昔比，并且开始更加关注科学家投射到世界上的规则的主观决定因素。这并不是说宇宙中不存在客观的秩序，而是一种意识的觉醒，即不仅要把观察对象纳入考虑的范畴，也不要忽视观察者的影响，因为将观察者排除在外是不科学的。

譬如，沃尔夫冈·泡利（Wolfgang Pauli）[8]教授就说过：

根据纯粹的经验主义观念，自然法则完全是从物质的经验中归纳而来的，但许多物理学家近来都有了不同的认识，他们再次强调，在概念与观念的发展过程中，人们的直觉与关注点起了重要的作用，它们超越了经验本身，在建立自然规律的系统时（即提出科学理论时）是必不可少的。

如此看来，对于工作中所用到的概念，心理治疗师应当进行主观的阐述，这样做不仅是合理的，还是可取的。矛盾的是，正如我之前所说，正是通过对主观性的确认，我们最终才能变得更加客观。在试图阐明我自己的假设时，我发觉，我的某些观点开始有了发展变化，与其他分析师通常的观点相比，这些新观点对心理治疗本质的解释似乎更简洁、更具概括性。

托马斯·亨利·赫胥黎（Thomas Henry Huxley）[9]曾写道：

所有的科学都始于假设——换言之，都始于未经证实的猜想，尽管它们可能是错的，并且常常是错的，但对于秩序的追寻者来说，身处现象的迷宫中，拥有假设比什么都没有要好得多。每一门科学的历史进程，都取决于对假设的扬弃，取决于剥离假设中错误与冗余的部分，直到它以精确的语言准确地表达了我们所有已知的事实为止，不再多说一句，这样的假设，才堪称完美的科学理论。

要提出完美的、科学的心理治疗理论，我们还有很长的路要走；如果我们愿意审视自己的假设，我们也许能剥离其中的冗余。我既受过普通精神病学的训练，也受过荣格学派的精神分析训练，因此我做心理治疗的方法遵循荣格的教诲，但我还没有教条到认为我自身的观点是唯一可行的。例如，我知道弗洛伊德学派和克莱因学派的同事治疗患者的效果与我相差无几；也许确有些患者生性适合某一学派的疗法，但仍难说某一分析学派的疗效比其他学派的好。

一直以来，我认为对患者的分析态度远比分析师所属的学派重要；在选择心理治疗师的时候，知道他能否以正确的态度对待患者，远比知道他秉持哪种人格理论更有意义。因为，如果不同分析方法的效果是类似的，那么患者改善的原因就不可能是他发现了有关自身的真相——这种"真相"太多，难以证实其作用。

每个心理治疗场景都有一名治疗师、一名患者，治愈过程似乎与两人关系的发展直接相关。我希望本书不仅能作为一种主观陈述，也能为理解这种治疗关系略尽绵薄之力。

The Integrity

of

the Personality

第
1
章

自我实现

任何群体的道德水准，都在它为人类个性所赋予的价值上体现得淋漓尽致。

——B. H. 斯特里特
（B. H. Streeter）[1]

　　似乎不同学派的心理治疗师至少都有一个共同的基本假设：人类个体是有价值的，每个人都应该充分发展自己独特的人格，尽量不受限制，这一点很重要。

　　任何执业的心理治疗师在反思自己的日常行为时，必然会注意到，他在有意无意间为个体赋予了极高的价值。心理治疗若要不同于肤浅的指导，就必须持续一段时间，往往还要持续相当长的时间：少有心理治疗师不会扪心自问，花费数周、数月、数年为一些鸡毛蒜皮的事情劳心劳力，却只能治疗寥寥数人，这样究竟是否值得。难道他不该在更广阔的领域里发挥自己的能力，投身于高于区区个体的事业吗？对于这个问题，我认为，大多数心理治疗师都会答道，个体于他们而言，比见物不见人的问题更重要；哪怕只是帮助一人找到解决困境的方法也是了不起的成就，这不仅本身就能带来满足感，而且可能带来更深、更远的影响。众所周知，神经症不仅影响患者，也会影响所有与他有情感交流的人。分析调查人类的心理，本身就是一件非常有趣的事情。但是，除非心理治疗师有着高度重视个体人格的强烈倾向，否则哪怕他们再怎么宣称治疗单个案例能带来广泛的影响，也很难以令人相信，有那么多治疗师愿意投入那么多时间，帮助那么少的人。当然，心理治疗师确实依靠心理治疗谋生，但即便在精神病学的小小领域之内，仍有更赚钱的生计，而这些行当对精神科医生的要求不会如此苛刻，有些差使还可能给他更大的行政权力。

似乎每个学派的治疗师在临床工作中，都相信个体人格的重要性与价值。这种信念在自由派的人文主义传统中广为流传，也许在英美，大多数受过教育的人都会认同它。我们有幸生活在一个能让这种信念发展壮大的国家和时代，这种对个体的重视也会在不同的社会活动领域中逐渐获得认同，其过程虽然缓慢，但势头却是必然。比如说，在医学中，个人与疾病都需要得到治疗，这样的理念正逐渐为人接受，许多医生现在都同意，将这两者割裂开来是与科学不符的。例如，过去医生在治疗消化性溃疡的时候，会让患者卧床，为他规定适当的饮食，开一些碱性药物就足够了。等到患者的溃疡愈合时——就像通常那样，医生就会把患者打发回家，心满意足地认为正确的治疗已经圆满地治愈了疾病。不但如此，医生的态度里丝毫没有对患者的批评之意，他只把患者看作一个遭受不适疾病困扰的可怜人。尽管他也许看得出来，患者属于给自己的压力高于常人的"溃疡型"人，但进一步深究患者的人格与基本生活态度，则完全不是他的责任。即便如此，虽然身心医学发展极不完善、思辨色彩浓重，但如今越来越明显的是，我们不能再把许多重大疾病视为好像是外界的敌人在袭击不幸的患者，并以这种态度去治病。本质上，许多疾病更多的是来自内在的攻击：疾病与患者自身、与他的人格、生活态度，以及他因此而选择的生活方式是密不可分的。终日焦虑不安的人，或者总是追求成功、给自己过大压力的人，又或者害怕上级权威、总是竭力事事做到完美的人，更有可能患上常见的慢性身心障碍，任何完全忽视患者人格的治疗都必定是不完整的。

要是塞缪尔·巴特勒（Samuel Butler）重返人世很可能忍俊不禁，当今西方国家的现状与埃里汪⊖如出一辙。也许读者还记得，在埃里汪，患病要受到极为严厉的惩罚，而犯罪行为只会偶尔引起同情和关注。现在的英国还不如埃里汪发达，但与英国文明的任何时期相比，我们的确不太强调罪犯蓄谋的恶意，反而让患者为自身疾病承担了更多的责任。

刑法的变革也说明大众越发认识到了人格的重要性。我们要处理的是罪犯本人，仅仅惩罚犯罪行为而忽视犯罪之人是不够的。尽管法律现在（未来也一定）要公正无私地界定何谓合法、何谓非法；然而在对待违法分子时，法律务必应当多加关注违法者本人，而不仅是关注他所犯之事。对于一个行窃的 16 岁少年来说，他所需要的对待与 50 岁的惯犯截然不同，近年来立法者越来越多地考虑到了这一点。

⊖　出自塞缪尔·巴特勒的《埃里汪奇游记》（*Erehwon*），巴特勒在书中用讽刺和颠倒逻辑的手法来反映维多利亚时代的现象。——译者注

如科恩（Cohn）教授所言，所谓"千年王国的追求"，不仅是一场虚无缥缈的求索，也是一场可怕的追寻，让人为了一场泡影不但欣然牺牲自己的生命，而且愿意牺牲他人的生命，并以兄弟之情的名义屠戮手足同胞。

无怪乎现代精神病学的两位最具独创性的人物——弗洛伊德和荣格都受到了纳粹的迫害，虽然只有弗洛伊德是犹太人；尽管两者的观点大相径庭，但都坚持维护个体人格的价值，因此绝不可能承认国家至高无上的地位。

显然，心理治疗师高度重视个体的人格。无论对于人格发展的分歧有多大，他们都认同人格是一项成就，而不仅仅是遗传的数据。对一个人来说，要充分实现自己的人格，就要从童稚发展到成熟，每种心理治疗系统都关切这一发展过程。我曾谈到过，不同治疗师的治疗效果间的差异，并不像不同心理治疗形式所秉持的假设间的差异大。我认为，这是因为每种治疗系统努力的（也许永远也不会取得）最终结果都是一样的，可能这也是为什么不同方法的效果之间具有可比性。无论治疗的假设是所有神经症症状都与未解决的婴儿期性欲问题有关，还是对权力的渴望未得到满足的结果，或是由于社会关系未能发展成熟，抑或是因为心理的理性与非理性功能之间的不和谐，这些治疗系统对于何谓自由的、成熟的人的看法，都具有隐含的一致性：不论这种人被称为"整合"的、"自性化"的，还是"完整"的。在一种理论体系里，"成熟"的试金石是有能力与异性建立满意的性关系；

而在另一体系里，是与社会和谐共处；有的体系认为，应该是摆脱与内摄的坏客体之间的力比多联结；还有的体系认为，应该是达成自性化。但是，我认为所有这些愿景都在表达相同的本质状态。这些都是取得最终结果的途径和方式，其分歧在于细节，而不在最终的成果。

我提议将这最终的成果称为自我实现。我对自我实现的界定是，个人内在潜能的充分表现，个人独特人格的实现。我还有一个假设：每个人都在有意无意地向此目标努力。这也许可以成为不同派别心理治疗师都能同意的工作假说。许多人可能会进一步表示，心理治疗的目的不是仅缓解症状，而是让患者达到比先前更为充分的自我实现。

"目标"这个词必然会招来那些谴责心理学不科学的人的批评，因为这个词在机械化、决定论的世界里没有容身之地，而机械化与决定论正是 19 世纪物理学的理想典范。要描述行星的运动，无须询问行星有何目标；但我认为，在描述人类行为的时候，则有必要提出"目标是什么"这个问题，忽视这个问题才是不科学的。自然界的许多过程，只有从最终结果或目标的角度考虑才能充分为人所理解，若仅从因果的视角来看，则是模糊不清的。比如，"目标寻求"的概念在控制论中就是重中之重。

W. R. 阿什比（W. R. Ashby）[2] 在《智力行为的脑机制》（*The Cerebral Mechanisms of Intelligent Action*）中写道：

生理学家都认同这一工作假说，即大脑以机械的方式运转。他们成功地阐明了许多简单、原始反应机制的本质所在，但发现"高级"过程机制的本质则更加困难。因为后者涉及的物质更为复杂，概念更加微妙。

从生物学的角度来看，这些"高级"过程都具备一种基本特性，即有机体能够"寻求目标"，能够在变幻莫测的环境下，用千变万化的方式达成少数几个基本的目标。

由此可见，询问某一过程有何目的，正如探究该过程是因何而生一样合情合理。我相信对于人类的任何心理学描述，都必须尽力回答这两个问题。人类行为这种高度复杂的现象，可能与这两个问题都有关系。有的现象用个体过去的经历更好解释，还有些现象，透过个体寻求的目标则更好理解。这两种角度的描述若缺失了任何一种，都是不完整的。

例如，有一个对母亲具有攻击性的孩子。从一种角度来看，这种行为可能是由母亲限制性的、过度焦虑的态度引起的，因为她不给予孩子足够的自由。从另一角度来看，这种攻击性是孩子在表达自己的独立性，是在试图以一个独立个体的身份行事，因而是迈向成熟的重要一步。孩子的攻击性行为通常是父母的责任，在许多情况下，对父母的谴责是不无道理的；但是，无论父母的管教有多开明，只要孩子要独立，就必定会叛逆，因此父母有时会发现，他们遭受了批评，而自己唯一的过错就是身为父母。只要父母保护孩子，他们就是"好"的，只要限制孩子，他们就是"坏"的。没有限制就做不到保护，因此父母必然摆脱不了这两种评价。当然，这有些离题了，但我想说的是，如果不能同时考虑外界施加的力量和内在驱动的力量，对孩子行为的描述就是不完整的。

如果我们假设存在自我实现的内在驱力，也就是有一股本能的力量推动着个体，去更充分地展现自身潜能，我们就能理解许多心理学中模糊不清的现象了。在生物学中，学者们发现必须假设存在所谓的"组织者"（organizer），也就是在不成熟的有机体中调节生长与发展过程的组织。自我实现的内在冲动，也是类似的心理学概念。

也许我应早早指出，自我实现并不意味着对个体差异的忽视。人类的差异数不胜数，譬如智力、体格、气质，等等。自我实现也绝不是说人应努力追求超出自身能力的目标。而是说，无论个人才能如何，所有人天生都有可能达到某种和谐的境界、内在的完整，与自我和世界建立满意的关系。无论天赋高低，人人都是如此。

帮助患者进一步成为自己，更充分地自我实现，是心理治疗师的任务。无论使用哪种方法，从属于哪个学派，用哪种观点看待世界，治疗师的基本目标都是帮助患者更充分地过上自己的生活，而非试图将那种生活强加于患者，或者迫使患者接受治疗师自己的理念框架。

The Integrity
of
the Personality

第
2
章

人格的相对性

想象自己孤身一人置身于虚无之中，然后再告诉我你有多伟岸。

——阿瑟·爱丁顿[1]

如果我们接受自我实现的基本假设，首先面临的最明显的批评，就是它的后果。也许有人会说，个体的利益可能会与他生活的社会产生冲突。全社会的个人主义者都去追求自己的目的，而无视他人的需求，这是不可能的。自我实现不可能导致人类的灭亡，因为这与人的社会性存在不符。

这便是伯特兰·罗素（Bertrand Russell）[2] 在《西方哲学史》（*History of Western Philosophy*）中提出的观点："人不是独居的动物，只要社会生活存在，自我实现就不可能成为首要的道德准则。"

考虑到所涉及的问题，这句话很有意思。我认为每个心理治疗师都认同，人不是独居的动物。有那么多心理治疗工作都在探索人际关系，心理治疗师不太可能轻视人对彼此的需要。但如果人不是独居的动物，那么他实现自身人格的努力，以及达成自性化的尝试，就必须将人际关系包含在内。罗素的观点暗示，人要做自己，就必须以他人为代价。他还以拜伦（Byron）为例阐述自己的观点。拜伦的自我中心是出了名的。罗素对拜伦式的利己主义的谴责是合情合理的。

在心理治疗师看来，这种利己是不成熟的、幼稚的行为，与自我实现有着天壤之别，因为这种行为会使他人疏远，导致孤立。

如果人要发展自己的人格，就必须漠视他人的需求，那么自我实现的确是一种无药可救的邪恶观念。如果社会上全是冷酷无情的逐利者，那么社会必然陷入无序状态，最终自取灭亡；而这似乎就是罗素预计的社会鼓励个性发展的结果。在极其贫困的社区里，大多数个体都生活在最低生活水平以下，也许发展自己的潜能确实会让同伴付出代价。饥肠辘辘的需求比心理成熟重要，免于匮乏则是奢侈的情感发展的前提。然而，在我们这样的社会里，人的精力不必完全放在为自身和家人谋生上，个人的发展对他人而言不再是负担，反而成了助益。儿童会执着于证明自己比别人更好，追求权力的执念则是情感不成熟的特质。如果成年人取得了能尽其才的位置，他就会发现，在展现潜能方面，他的同伴不是障碍，而是助力。

我认为个体的发展与其人际关系的成熟是齐头并进的，两者缺一不可。自我实现不是反社会的理念，而是坚实地建立在如下事实之上：人需要彼此才能成为自己，最独立与成熟的人也是人际关系最满意的人。多年来，精神病学的每个学派都在强调儿童对独立的需求，学者大多认同，许多神经症的困扰都源于人未能充分独立于早期环境。但我们过于习惯将独立看作理想的目标，以至于造成曲解。独立不同于孤立，在我看来，没有人能自给自足。如果自给自足的人存在，他就不会拥有我们所说的"人"的特点，也确实很难说他具有人格。

没有人是一座孤岛，在大海中独踞；每个人都是一块小小的泥土，连接成整片大陆；哪怕一块泥土被海水卷走，欧洲便丧失一角，就如同你或你的朋友痛失家园；任何人死去，我的一部分也随之而去，因为我是人类的一员；莫问丧钟为谁而鸣，丧钟为你而鸣。

诗人约翰·邓恩（John Donne）[3]用无与伦比的笔触宣告了他的信念：人与人之间存在着基本的联结，这联结证明了我们面对着相同的人生境遇。你中有我，我中有你，这无可避免；没有人能在孤立于同伴的情况下达到独立和成熟。正是由于认识到了这一点，罗纳德·费尔贝恩（Ronald Fairbairn）才将情感发展的最后阶段命名为"成熟的依赖"；我认为，他对弗洛伊德精神病理学的重新阐述，将因此越来越广为接受。乍一看，"成熟"与"依赖"这两个词放在一起似乎有些不对劲，但他实际上想说，没有满意的人际关系，一个人就是不完整的；承认人格的充分发展，必然包含接纳对于彼此的基本需求。

当然，人格是一个相对的概念。我们能列举一个人表现出来的多种人格特质。我们可以说他意志坚决、性情温和、贪婪成性，也可以说他冷酷、愚蠢、善妒。但脱离了群体，我们的评价就变得毫无意义，正如黑离开了白，就毫无意义一样。如果我们认为人格就是一个人"独特的个性特点"，那么我们就必须承认，只有在与其他独特的个性特点相比时，我们才能理解这一概念。如果不从相对的角度来看，我们给人的评价很容易就会失去意义：我相信人格的整体概念也是如此。

一个人越是与世隔绝，他的人格就越不独立，也越少表现出与众不同的品质。如果与某人根本无法建立关系，我们就倾向于称他为精神病患者，而精神科医生往往也会在一定程度上根据自己与患者接触的困难程度来做精神分裂症的诊断。精神分裂症患者大概是世上最与世隔绝的人了，而他们之间也像得出奇。任何精神病院里的慢性病房（慢性病房里有相当大一部分患者都患有精神分裂症）都有一个最显著的特征，那就是患者之间缺乏交流。患者可能 30 年来都睡在相邻的床铺，坐在同一桌吃饭，对彼此却从未说过只言片语；他们都封闭在自己的世界里，看似自给自足，但必须终生受人照料。

值得注意的是，精神分裂症患者有多孤立，他的个人身份认同就有多缺乏。偏执性妄想症患者行为和思想的重复性、精神分裂症患者思维的机械刻板，可能会让未经训练的观察者感到惊讶，但精神科医生对此司空见惯。不同的患者会用几乎一样的话表达同样的意思：母亲在毒害他们，电流在干扰他们，他们的身体受到了严重的伤害。显然他们诉说的体验是相同的，所以他们的表达方式自然也很相似，但个人身份认同的丧失不仅限于此，精神病院里的工作人员都能看出来。如果没有人际关系，人会变得更相似，而非更有个性。孤立最终会导致突出人格特征的丧失，而不会像人们以为的那样，使人格特征加强。约瑟夫·康拉德（Joseph Conrad）[4]对此心知肚明，他在《诺斯托罗莫》（*Nostromo*）中描写的马丁·德科德（Martin Decoud）的自杀，就体现了这一点。德科德被独自困在荒无人烟的小岛上，在孤单度过了十天之后，他把船划到海上，开枪自杀了。

事实上，他死于孤独。这一人类的大敌，只有少数人才有所了解，只有我们当中最单纯的人才能与之抗衡。才华横溢的科斯塔瓦那就死于孤独，死于渴求对自己和他人的信任……才华横溢的"小德科德"是他家的心肝宝贝，是安东尼娅的恋人，又是苏科拉的记者，他是无法面对孤独的。孤独的外在环境，很快会浸染人的心境，那种伪装出来的玩世不恭和怀疑精神也就失去了存在的根基。那种心境会控制人的头脑，将人流放到彻底失去信念的境地。德科德连续三天没能看到他人的面容了，他开始怀疑起了自己到底有何独特之处。这种思绪融入了望不到边的云海，融入了自然的力量与事物。我们平时独自所做的事情，让我们不断产生自己独立存在的幻觉，然而在世间万物之中，我们只是渺小又无助的部分。

我们经常观察到，如果有护士、心理治疗师或医生不断地予以关注，即使最严重的精神分裂症患者也会有所好转。无论精神分裂症的根本"病因"是什么，无论我们对其心理病理学有何看法，患者与他人建立人际关系会使其精神状态改善，这一点是毋庸置疑的。托马斯·弗里曼（Thomas Freeman）和安德鲁·麦吉（Andrew McGhie）[5] 发表的论文《精神分裂症的精神病理学》（*The Psychopathology of Schizophrenia*）正说明了这一点。

最后再说一句。我们虽然怀疑精神分裂症的心理病理学理论，但这不意味着在治疗精神分裂症时要采用虚无主义的态度。我们毫不怀疑，只要与医生或护士建立前语言的、富有情感的人际关系，精神分裂症患者都可能好转。这种关系发展、深化的程度，决定了患者能在多大程度上重获精神健康。

埃里希·弗洛姆（Erich Fromm）[6] 在《对自由的恐惧》（*The Fear of Freedom*）中写道："彻底的孤独与孤立感会导致精神解体，正如身体的饥饿会导致死亡。"可以说与他人建立充分的联结，就等同于充分地做自己，等同于肯定自己完整的人格。

于是我们面临着这样的悖论：人与同伴联系紧密的时候，他的个性才最为丰满；与世隔绝的时候，他就毫无独特之处。

　　与他人的关系到底为何如此重要，以至于人无法在缺乏人际关系的情况下发展自己的人格？我认为，正如儿童离不开父母的关爱，成年人也离不开同伴的接纳——真到了这种地步，他就可能因孤独而丧失理智。知道有人无条件地接纳真实的他，他才能接纳自我，进而才能做自己，实现自己的人格。如果无人可以比较，人甚至不能意识到自己是一个独立的个体。孤立的人其实是"集体人"，是失去个性的人。许多人常说，他们独处时才最像自己，以创作为生的艺术家可能尤其相信，只有在象牙塔中孤独地进行艺术表达，他们内心深处的灵魂才能求得圆满。他们忘记了艺术是一种沟通，无论有意或无意，他们在孤寂中的作品都是为了与人交流。关于这个主题，弗吉尼亚·伍尔夫（Virginia Woolf）[7] 曾在《普通读者》(*The Common Reader*) 中写过一篇文章，叫《赞助人与藏红花》(*The Patron and the Crocus*)。

　　因此，要是作家被肯辛顿花园中的初开的藏红花所打动，在他下笔之前，就必须在一众角逐者中选出最适合自己的那个赞助人。说什么"别理会他们，只考虑你自己的藏红花"是没用的，因为写作是一种沟通的方式，而藏红花若不与人分享，就始终是不完美的。只有最好的和最差的作家能只为自己写作，但那种人是特例，不值得羡慕，要是笨鸟能读懂他们的作品，也能成为他们最欢迎的读者。

　　精神病患者的画作，无论是否为治疗而画，可能都很有意思，但很少给人美感，这在一定程度上是因为他们并不想与人交流；对于患上精神病的艺术家，我们研究其画作便会发现，在发病后他们的作品质量便会下降。

有一个关于"涂鸦"的有趣研究，也许能强调这一观点。研究者[8]利用采编比赛收集了9000份这样的绘画，并加以分类。用他们的话来说，涂鸦是"在分心和不经意的状态下，漫无目地消遣时所画的图像"。因此，涂鸦是完全以自我为中心的，也就是说，不以沟通为目的。这些研究者写道：

> 涂鸦可以说是最缺乏社会性的活动……这些画作中的每一幅都是在完全孤立的环境中画的。把自己关在电话亭里，就是典型的孤立环境……孤独、自由、远离常见的影响因素，可能产生出乎意料的结果。自由幻想的结果可归为寥寥几种类型，并且在很大程度上是单调乏味的……尽管涂鸦者与人隔绝，但集体性心理活动趋势却变得非常明显。

我们可能很感谢这些研究者所做的观察，但不会像他们一样惊讶。根据上文提出的假设，恰恰是在隔离的情况下，集体（而非个体）心理会变得更活跃。这个研究再次证明了缺乏沟通会导致统一与刻板，真正的艺术则要表达对关系的寻求，是艺术家对沟通的渴望——而不是以自我为中心的幻想。

虽然观察表明，人在孤独时的个性会变得更少，而不是更多，但这并不是说独处对于人格的发展没有价值。确实，一段时间的独处也许能有效地促使人去关注并重新审视"存在"的问题，这种问题是人类常有的。我们见过的那些研究报告，似乎都支持这样的观点，即一旦人承受了任意一段时间的孤独，就难免会思考一些终极问题：善与恶、意义与目的、人在世界上的位置。几个世纪以来，这些问题一直困扰着求知若渴的思想家。有些人一度远离尘世，在宗教中寻求慰藉。耶稣基督在宣布自己的启示之前，都觉得有必要到沙漠中隐居静修。这种避世静修，可能就像在跳跃之前要先后退几步，是重新审视基本问题的重要步骤；但要促进个体及其身边人的发展，使个体拥有更丰富的内涵，重新接触人世就是必需的。荒无人烟的沙漠可能会促使人去关注终极问题，但在人格成熟的过程中，沙漠无法替代人际关系的作用。

The Integrity
of
the Personality

第
3
章

成熟的人际关系

人唯有借助"你"，才能成为
"我"。

　　　　　——马丁·布伯[1]
　　　　　（Martin Buber）

　　上一章谈到，人在孤独之中，既无法发展也无法实现自己的人格；个体人格的成熟与人际关系的成熟是齐头并进的。什么是成熟？我们能说清什么是成熟的关系，能就这个问题达成共识吗？这绝不是一个容易回答的问题，因为"成熟的关系"这个概念，取决于根深蒂固的主观假设。有趣的是，在奥托·费尼切尔（Otto Fenichel）撰写的经典纲要《神经症的精神分析理论》（*The Psychoanalytic Theory of Neurosis*）的索引里，根本找不到"成熟"这个词。尽管我们很容易发现各位作者对于"不成熟"的看法，但很难找到他们对于"成熟"的观点。

　　精神分析中的"成熟"概念源于卡尔·亚伯拉罕（Karl Abraham）的著作，一度围绕着"性器至上"（genital primacy）这个词。对于有些精神分析师来说，与异性建立满意的性关系是人际关系成熟的重要标志。诚然也有一些精神分析师对这种标志并不认同。例如，玛乔丽·布赖尔利[2]（Marjorie Brierley）就在她的《精神分析新趋势》（*Trends in Psycho-Analysis*）中写道：

经验表明……具备性能力，却不能从个人角度去欣赏性伴侣的情形绝非个例。这也许在男性身上更普遍，历史悠久的"女性自卑"（feminine inferiority）可能助长了这种现象的发展。

对于"从个人角度欣赏"这个概念，布赖尔利既没有给出定义，也没有进一步阐释。在我看来，这是令人惋惜的疏忽。因为我认为，这种"从个人角度去欣赏"正是成熟人际关系的最终表现。在一个著名的段落中，荣格[3]描述了他脑海中的医生与患者在治疗情境下的理想关系。

如果医生想为他人提供指引，哪怕只是陪伴他人一程，他都必须接触对方的精神世界。当他在做评判的时候，就绝不能有这样的接触。无论他有没有把这评判说出来，都是毫无分别的。反之，随意附和患者也毫无益处，这种做法像指责一样，只会让患者疏远医生。只有态度公正客观，我们才能触及他人的内心。这听起来像是科学上的公理，但有可能与单纯的理性和疏离的态度混为一谈——而我想表达的意思完全不同于此。这是一种人性，是一种深深的敬意：既尊重事实和事件，也尊重受这些事实和事件困扰的人。这是对这种人生奥秘的敬意。

也许有人会表示反对：这段论述指的是一种特殊的情况，即医生与患者间的关系。但是，荣格经常强调，医生总是以

"人"的身份参与治疗。我认为引用荣格的这段话来佐证他对于理想人际关系的看法，并不算曲解了他的观点。值得注意的是，这段话中的"公正客观"位于两个极端的中间：一端是"评判"，另一端是"随意附和"。因此，要触及对方的心灵，就要认识到他与自己的不同，并尊重这种不同。评判暗指对方应该做出改变，附和意味着自己的态度不如对方的正确。在理想的关系中，每个人都会尊重对方，把对方视为具有内在价值的人，不试图改变对方。

上一章提到了"成熟的依赖"这个概念，这是费尔贝恩[4]情感发展阶段论的最后阶段。他对这个概念的阐述是：

成熟与不成熟的依赖，其差别在于前者既没有单方面的合并（incorporation）态度，也没有原发性情感认同（primary emotional identification）的态度。恰恰相反，成熟的依赖具有一个显著特征，那就是分化的个体能够与分化的客体建立合作关系。论及合适的生物学客体，关系当然与性有关；但在这种关系中，对于两个分化的个体而言，付出和索取是均等的，他们之间也不存在依赖程度的差异。此外，这种关系中也不存在原发性认同与合并。至少这是理想的情况。当然，在实际情况中，这种境界不可能完全达到，因为每个人的力比多发展都或多或少有些问题。

这段论述远比荣格的详细，但我相信他们的基本观点是一致的。有趣的是，这两位作者都从消极面开始论述：理想既不是这样，也不是那样，而是两者之间的情况，或者是超越两者的情况。问题的一端就好比海怪斯库拉（Scylla）——在荣格看来是评判，在费尔贝恩看来，则是单方面的合并；问题的另一端就好比海怪卡律布狄斯（Charybdis）——于费尔贝恩而言是原发性情感认同，荣格则认为是随意的附和。

费尔贝恩所说的"合并"与"认同"这两种态度，与大众更熟悉的支配与顺从、施虐与受虐等概念息息相关，甚至是后者的基础。与另一个人合并，就是要吞没他、压制他、毁灭他；归根结底，就是不将对方视为一个完整的人。向他人认同，就是失去自我，任由自己的身份认同被他人的身份认同所掩盖，让自己被压制；归根结底，就是不将自己视为一个完整的人。在荣格看来，评判他人就是一种自认为优越的态度；随意附和就是妄自菲薄的态度。斯库拉和卡律布狄斯是心理现象的具象化表征：人格的消亡有两种方式，要么毁灭对方，要么被对方吸收。成熟的人际关系则要求自我和对方都不可以消失，双方都要致力于认可与实现对方的人格。

虽然这两种态度对于成熟的关系具有同等的破坏性，但在伪基督式的民主制度下，我们更倾向于谴责其中一种，而非另外一种。像帖木儿（Tamburlaine）这样权欲熏心，利用他人作为走上权力宝座垫脚石的人，他们会招致广泛的谴责。无论私下里被多少人仰慕，冷酷无情的人都更容易受到批评而非尊敬。

没那么自信、果断的人会向他人认同。虽然同样难以与这种人建立关系，但这种行为却往往受到赞许。恭敬顺从、放弃自己的愿望，为迎合他人的欲求不惜牺牲自己的利益——这种人多么可敬，多么无私，简直是"基督徒"的典范！在宗教氛围浓厚的环境中成长起来的人，难以意识到过度的顺从就像过度的自信一样糟糕，而成熟要求在关系中相互平等。费尔贝恩将性关系包含在他的"成熟"概念里，我之前也谈过，许多精神分析师将性关系视为成熟的标准。但在费尔贝恩[5]看来，尽管人际关系的成熟包含与异性建立性关系的可能性，但其内涵不止于此：

与此同时，我必须强调，并非建立了性关系，客体关系就能令人满意。恰恰相反，正是因为建立了满意的客体关系，真正的、性器的性欲才得到了满足。

对于这个传统精神分析概念的延伸，他在脚注里补充道：

我应当解释一下，我无意贬低"性器"期相对于口欲期的重要性。确切地讲，我的目的是指出，"性器"期真正的重要性源于成熟的客体关系，对于性的态度只不过是那种"成熟"的一个要素。

在他的著作里，费尔贝恩关注的是完整的人，而不仅仅是本能驱使的躯壳。他重申，儿童的基本需求是有人爱他"这个人"。谈到精神分裂和抑郁状态的原因时，他写道："在这两种情况下，儿童的创伤都是他感到没有人真正爱他这个人，而他自己的爱也得不到接纳。"[6]

但是，很难说什么是爱"一个人"。我认为在前面的引文中，荣格和费尔贝恩都透露出他们觉得这件事很难，但很明显的是，凭借自身经验，两人都很了解他们所阐述的那种关系，也相信那种关系的价值。

费尔贝恩认为，在初始阶段里，婴儿既完全依赖于他的客体——母亲，也完全地向母亲认同。关系的成熟过程包含主体与客体的逐渐分化。[7]"正常的发展会经历一个过程，即客体的逐步分化与认同的逐步减少。"也就是说，一个人越是独立、自立，他越能视他人为独立、自立的个体。

研究者的分歧在于如何描述走向成熟的心理历程。有些人，比如荣格，主要关注个体内部的心理动力变化；还有些人，比如费尔贝恩，则侧重于阐述个体人际关系的变化。但如果翻看荣格的著作，我们发现他也会从人际关系的角度来谈成熟；而费尔贝恩也会描绘内心的动力变化。显然，个体及其关系的发展是同步发展的，两者缺一不可。我认为，精神分析过程就是患者在咨询室外宏观人际关系的微观缩影。在分析过程中，我们既能观察到患者与分析师的关系变化，也能观察到患者自身的动力变化。

因此，成熟的关系有一个方面，似乎就是既不支配他人，也不受他人的支配。但是，人和人之间不是平等的，因此可以说这种关系是不可能存在的：无法想象存在这样一种关系，两个人之间旗鼓相当，一个人某方面的天赋或成就不会高过另外一人。埃里希·弗洛姆[8]在《对自由的恐惧》中回答了这个问题：

> 自我的独特性绝不会与平等原则相抵触。"人生而平等"这个论点表明，每个人都具有相同的基础素质、基本命运，无疑都有权利追求自由与幸福。这进一步说明，人的关系建立在团结的基础上，而非支配与顺从的基础上。平等的概念并不意味着"人都是相似的"。后面这种平等概念源于个体在当今经济活动中所扮演的角色。在买方和卖方的关系中，人格中最显著的差异被抹除了。在这种情况下，只有一件事是重要的，那就是一方要卖东西，一方有钱买东西。在经济生活中，一个人与他人并无不同；而真实的人是不同的，他们独特性的发展则是个性的本质。

很遗憾，弗洛姆认同"人生而平等"这个论点。很显然人并不平等。尽管弗洛姆接下来对"平等"的界定表明他的意思与字面上不同，但很遗憾他选用了这些词。人并非生而平等，但有着相同的处境；无论人与人的遗传天赋有何差异，地位有多悬殊，他们都有一个共同点：他们都是人，因此在情感上是有联系的。此外，成熟并非只是天赋异禀者的专利：我们多数人可能都见过一些社会地位低微、智力有限的人，但他们独特的人格和生活方式依然给我们留下了深刻的印象。

天赋的差异并不会破坏我所说的成熟关系，不过确实会使建立这种关系更加困难。就像社会背景的差异可能会妨碍幸福的婚姻，但不是不可克服的障碍。心理治疗师很容易认识到这一点，因为他通常有幸能深刻了解许多不同背景和天赋的人，这些人可能强于他，也可能不如他。因此比起其他职业的人，心理治疗师的熟人可能多得多。我们与他人的日常交往，都会受到社会习俗的影响；与人打交道时，我们常常不能把对方看作独立的个体。商店老板就是商店老板，医生就是医生——不是一个人，只是一种不带感情色彩的职能或技能，恰好我们当时用得上而已。我们不了解这些个体，如果我们认识了社会角色背后的他们，也许会感到惊讶。甚至亲密关系也能如此肤浅，许多性关系也是这样的两个人相遇：男人只是个男人，女人只是个女人，除此之外双方都对彼此没什么了解，也没有进一步了解的愿望。

心理治疗师每天都要面对关系问题，而在这种关系里，他和患者都要面对对方这个人，此时社会角色就不重要了。有经验的心理治疗师都知道，当他充分了解一名患者的时候，有时会达成片刻的理解，让他和患者都产生某些新的领悟，发现某些真相，并且被彼此看见。在这种时刻里，他们不再防备，不再隐瞒，两个人面对真实的彼此，没有恐惧，没有伪装。此时不再有优越与低下、支配与顺从、聪慧与愚笨、付出与索取的分别。更确切地说，两人之间只有对彼此人格的理解：先理解对方，进而理解自己，或者反之，由己及人。

The Integrity
of
the Personality

第
4
章

人格的发展

这便是我：我活着，我有感觉，我能守护自己的人格，守护这个神秘统一体给我留下的印记——我的存在就来源于此。

——圣·奥古斯丁
(St. Augustine) [1]

　　上一章里，我尝试描述了成熟的关系的特点，并提出了一个假设：个体的发展与他人际关系的发展是密不可分的。我已经指出，人格与人际关系的成熟是一种无法完全达成的理想，也希望本章能再次强调这一点。这是因为人格的发展可能是一个永无止境的持续过程。

　　这也是分析治疗可能一直做不完的一个原因：由于发展始终在继续，所以没有充分的理由停止治疗。在讨论精神分析对成熟的推动作用时，我会再次谈到这个话题。我们应审慎对待理想，因为盲目追求理想可能会导致破坏性的后果。如果我们要充分理解人格的发展，就必须在一定程度上弄清"成熟"的概念。如果我们接受"人格的发展永无止境"这一假设，理解成熟在一定程度上必然是"理想化"的目标。不过，"成熟"的概念建立在"不成熟"的基础之上，因此我们会遇到一些困难。显然，人格的发展必然有始有终，正如我们之前所说的那样；但不幸的是，人格发展的起始是模糊不清的。在与成年人打交道时，我们的主观感知就像一面歪曲事实的镜子，向我们呈现的可能只是我们自身的心理病理现象。但是至少患者可以表达反对：如果我们的解释与他的情况不符，或者不能解释他的困境，他就会拍案而起，向我们表达不满。但是，在考虑幼小的孩子时，我们的主观偏见就不受约束了。我们的臆测可能与事实相去甚远，但婴儿无法反驳我们对他内在世界的看法。

也许我们能再次从物理学中找到些许慰藉。我们需要在心中想象原子的图像，或者说模型，才能理解原子的行为。没有人看见过原子，但我们可以测量其质量，预测其行为，甚至能改变原子内部结构（我们知道这样做的代价）。我们构想出的每一幅原子的图像，都是不完整的、不完美的，但每一幅图像都会促进观察与研究，引出新的发现，进而促使我们修正最初的图像。婴儿的心理是难以触及的，就像原子的外壳难以直接观察一样；但如果我们要有效观察婴儿的行为，或者理解成年人的某些持续的情绪反应，也就是我们称为"不成熟"的反应（这些反应可能是导致神经症症状的一个基础因素），就必须提出一定的构想。

许多研究者可能都持有的、我自己也认同的理念是，在诞生之初，孩子是一个统一体，是未分化的、和谐的，并且在一定程度上是整合的。我们假设，在自然情况下，婴儿是没有问题的，只有在长大成人的过程中，问题才会显现。我们已经构想了一个理想的最终状态，这是一种成熟的状态，似乎也是我们人类努力的终点；而现在我们要构想一个理想的初始状态，孩子必将从这种状态中走出来。正是这两种状态之间的转变过程催生了许多困境与磨难。

这种理想的初始状态从何时开始产生，研究者意见不一。有些人认为，出生的过程会将孩子与一直包容他的母亲分离开来，这必然会结束孩子那美好的统一状态。还有些人认为，母亲的哺乳能满足孩子的全部需求，而这种吮吸乳汁之后的满足就成了未来所有满足感的原型，直到"性器至上"时期。找到满意的异性伴侣之后，这种美好的、没有冲突的状态才能重新产生。〇

有趣的是，公元前 3 世纪也存在过类似的理念，这也许也有一些启发意义。[3]

"道"本身就是亘古不变的、无条件存在的，"道"是"独立存在"的，没有"起因"。个体的"道"就是"未经雕琢的原木"，"道"的意识上没有任何"刻痕"；世界的"道"则是万象背后的"原始统一"。最接近"道"的存在就是婴儿……

这段文字的作者在脚注中补充说，婴儿最接近于道的理念，"可能在公元前 3 世纪后才广为接受。然而，在公元后的早期数世纪里，人们不再认为道家的理想境界是婴儿，而是母体中的胎儿"。即便是弗洛伊德和兰克（Rank）也需要从前人那里吸取智慧。

〇 "从乳房获得的满足，是后来每种满足感的无法企及的最初形态。"——弗洛伊德[2]

我们在这里讨论的概念是虚无缥缈的，是一种假设的构念，但如果我们要理解个体的发展，这种构念就是必需的。而且，无论我们多不情愿接受无法通过直接观察验证的理论，要提出人格发展的构想，就不仅要解释发展的终点，还要解释发展的起点。

有些分析师声称，成年患者在分析中提供的信息是婴儿发展早期阶段的可靠证据。但是，这样的证据，比如梦，有不同的解释方式，可以符合不同的理论构想。我认为，我们必须承认，我们的想象就只是想象，要避免某些领域里纯属思辨的教条主义。我们现在需要一门比较心理学：仔细研究学者对于人格发展的不同观点的学科。这是一项令人望而生畏的任务，我不敢在此尝试。不过，即使简短探讨三位不同学者的观点，也能发现他们的概念上存在相似之处，这一点颇为有趣。

弗洛伊德[4]将本能分为两类："性本能始终试图将生命的物质集合起来，整合为更大的统一体；死本能则与这种倾向背道而驰，试图让生命的物质回到无生命的状态。这两股力量的合作与对立制造了生命的现象，这种现象最终以死亡告终。"他认识到，并确实说过，这个概念是缺乏根据的。[5] "本能是虚无缥缈的东西，完全缺乏确定性。"乍看之下，弗洛伊德似乎认为，人从出生起就有一种内在的冲突状态，即爱与恨的原始对立。但是，就在这篇论文的后面一段中，他写道[6]：

我们承认存在两种基本的本能，并认为它们各有其目标。这两者是如何在生命过程中共存的呢？我们是如何压抑死本能，让它为爱洛斯（Eros）服务的（尤其是在死本能转向外部，变成攻击性的情况下）？这些应该是未来研究的问题。我们只能等待时机到来，才能继续向前探究。是否所有本能都不具有保持原状的性质，是否性本能也不会在努力聚集生命物质，整合为更大整体的过程中，试图让事物恢复之前的状态？这个问题现在也不应回答。

此外，弗洛伊德在另外一段话中写道[7]：

要设想人的初始状态，我们可以假设爱洛斯全部可用的能量（我们此后称之为"力比多"）都存在于尚未分化的自我——伊底（id）里，对同时存在的破坏性冲动起到了中和作用。

罗杰·莫尼 - 克尔（Roger Money-Kyrle）[8]后来谈到了梅兰妮·克莱因（Melanie Klein）的观点：

事实上，人的首个客体——母亲的乳房，有时会让我们满足，有时会让我们沮丧，它本身就可能导致这样的分裂。但这可能不是分裂的唯一原因。后来，有两种对立的情绪会表现为保护性的爱与破坏性的恨。这两种情绪可能不是两组看似对立的本能的简单表现。在很大程度上，这两种情绪可能源于同一种混乱又强烈的欲望。这种欲望本身是不稳定的，

因为它的贪婪会毁掉它最渴望保护的东西。

这似乎是对弗洛伊德理论的发展。不过在我看来，费尔贝恩的观点更进一步。费尔贝恩也提出了一种初始统一体的概念，他称之为"核心自我"（central ego）。我们可以将这个概念[9]"理解为一个原始的动态结构，我们很快就会看到其他心理结构随后从这种结构中诞生出来"。从这个核心自我之中，会诞生出两种对立的结构，费尔贝恩最初将其称为"力比多自我"（libidinal ego）与"内在破坏者"（internal saboteur）；他后来又将后者的名称改为"反力比多自我"（antilibidinal ego）。在关于癔症状态的论文中，费尔贝恩大致总结了他的观点。他写道[10]："儿童的原始人格是由一个单一的动态自我构成的。"

在我看来，这些学者的观点存在继承与发展的关系。弗洛伊德提出了两种本能间的基本冲突。这两种本能之间存在着根本性的对立关系，但仍有微弱的迹象表明，在对立形成之前，可能存在一个统一体。

莫尼-克尔前进了一小步，提出了一个更明确的统一体，不过是一个非常不稳定的统一体。

费尔贝恩的观点就具体多了，他提出，在对立的结构分裂之前，存在着一个非常明确的统一体。当然，在心理学家以外的人所提出的人性观中，这是一个会时常见到的主题。卢梭的观点、《创世纪》（*Genesis*）的第 2 章，以及许多原始人的信念都表明，人类必须通过想象失落的"纯真时代"（Age of Innocence）或者完美状态（知晓善恶之分以前的状态），来理解自身的发展。经过深思熟虑，我仍然用了"必须"这个词，因为似乎人类的心理有一种缺陷，让我们必须从时间的角度来思考。我能想到的每种人类发展构想，都必须有开始、中间过程、结束——尽管开始和结束都有些假设的成分。所谓假设的成分，是指我们得用理论的逻辑推论来解释此时此地的观察——就像必须有遥远恒星的存在（或曾经存在），才能解释我们在夜晚看到的星光，尽管恒星与地球之间相隔许多"光年"，而那颗恒星可能早已不复存在了。

大多数心理病理学家否定了死本能的概念，但无论我们对这个问题有何看法，都难以否认爱与恨、好与坏之间的二分对立。而且，心理治疗师无论属于哪个学派，都必然会在思想发展的某个阶段面对攻击性的问题。对于这个问题，存在两种主要的观点。一种观点对世界的真实状态持有一种悲观的看法。这种观点认为，攻击性是原始的本能，人类必然是充满敌意和破坏性的；尽管爱与情感肯定比憎恨与暴力更美好，但美好与不美好的两类倾向，对人类的行为有着相同的影响。

另一种观点则更加乐观——有人可能会说这种看法过于不切实际。这种观点提出，攻击性只是对挫败的反应：只有在爱的冲动遭到排斥，或者受到某种形式的阻碍，人类才会表现出憎恨与暴力。这些人认为，每个人都有某种程度的挫败感，因此会表现出一定程度的攻击性；但在他们看来，如果孩子在婴幼儿发展阶段得到他所需要的全然、慈爱的接纳，那么攻击性就会降到最低水平，在理想的环境下，则会完全消失。

在考虑这个问题时，我产生了一些让自己震惊的想法。第一，大家都认同爱与恨、"好"与"坏"、"令人兴奋"与"排斥"这类客体之间的对立在童年很早的时候就出现了——完全可以说这方面的客观证据是存在的。第二，我们越是追溯婴儿发展的早期，就会发现攻击性越强烈，其破坏性也越强；而梅兰妮·克莱因的相关发现堪比恐怖漫画或约翰·福克斯（John Foxe）的《殉道史》（*Book of Martyrs*）。第三，尽管成年人的残暴可能毫无底线，但在正常的文明社会里，似乎儿童对彼此的攻击性远胜成人，而一般来讲，实现自身抱负的成年人，其攻击性似乎比那些没实现抱负的人要低。第四，依赖与攻击性是密不可分的，因为依赖他人意味着要受到此人的一些限制。限制则是一种挫败的形式，会催生攻击性；因而孩子必然会想要咬伤那只喂养他的手。正是晃动摇篮的手搭起了限制婴儿的围栏。这双手一边提供安全，一边又强加限制，这就导致所有父母都必然会成为矛盾的形象，孩子对父母则是又爱又恨。

如果我们接受这种关于攻击性的发展性观点，就能看出攻击性是天生的，而其重要性会随着发展逐渐减弱。对于儿童发展、与父母的分离和分化来说，攻击性是必需的。竞争的攻击性、手足之争都是不成熟的特征，它们应该随着自我实现的发展而降低。即使人人都有理想的、安全的童年，期待千年万世的和平友爱也是不现实的；但从总体上讲，如果能减少人与人之间的不平等，我们就有理由相信，充满攻击性的局面能够缓解。依赖（以及随之而来的不平等）程度达到顶峰，攻击性也会达到顶峰；随着人的发展，攻击性则变得越来越不重要。当人取得最大发展的时候，就只需要些许攻击性来维持人格的独立。

父母的不成熟往往会阻碍孩子的发展。这句话说得一点儿也没错：父母越是不成熟，就越难以容忍孩子的叛逆，也越是需要孩子顺从他们、附和他们。神经质、没有安全感的父母往往会抚养出神经质、没有安全感的孩子；这在很大程度上是因为父母不能忍受孩子与自己分化。然而分化对于个性是至关重要的。如果两个人的看法、观点、兴趣都一模一样，那他们就没有分化，而是相互认同的。父母希望孩子与他们一样，这是一种自恋的想法。他们希望拿着镜子、自我欣赏，看到自己创造出来的孩子既是美好的，又与他们一模一样。这样很容易给孩子灌输一种想法：与任何人对立都是错误的、危险的。这种想法所强化的行为会严重影响整体人格，因为个性的形成意味着对立与分化。

我之前强调过，如果人要建立平等、成熟的关系，那么无论是屈服于他人，还是支配他人，都是不可取的。不幸的是，我们不知道该用什么词来形容这两种极端之间的中间地带——我们采用的多数术语都带有谴责的意味。如果成年人要维持人格独立，就必须能够与他人保持一定的对立；而这种对立显然与攻击性冲动有关——这种冲动是儿童的特征。但要使用"攻击性"这个词，并将其与成熟人格的尊严与独立联系起来，又会导致错误的印象。对于人格的肯定都会回到"攻击性"这个词上，但没有一个词能表达没有敌意的攻击性，而这就是我试图传达的理念。

在我看来，成熟的标志在于自信果断，以及对人格的认可，但不包含敌意和竞争性，因为这两者都是典型的童年特征。人越是实现自己的人格，就越觉得没有竞争的必要，对他人的敌意也就越少。人的天资差异很大，智商80的人与智商140的人，他们的"成熟"是天差地别的；但只要每个人都能充分运用他们不同的天赋，就没有理由不能与自我和旁人和平共处。常识告诉我们，在实现自身人格方面最不成功的人，正是敌意最强的人，与这样的人打交道的最好方式，就是把他放在权威的位置上。

大多数心理治疗师都对人格之中的"爱""恨"转换感到惊讶，并对这种二分对立提出了许多观点。极端的爱恨转变（尤其是对同一个人的爱与恨），是儿童的特征，因为在童年最重要的关系——与父母的关系里，爱的客体必然会对孩子加以限制，因此也会招致怨恨。在成年生活中，理想的爱的客体至少是合作的，而不会限制你，因此你可以无条件地爱这样的客体，而不掺杂恨。不过每个人都知道这只是理想情况，因为男人有时必然会把妻子当作母亲，而女人会将丈夫当作父亲。

成年人有时会想回到童年，而大多数留恋童年的人都压抑了那段时期的动荡与痛苦。向往重返校园的"老男孩"在情感上的确是"男孩"，他们未能建立成熟的关系，因此才渴望退行。不过，小孩子确实有些幻想，这种现象是普遍存在的，也是心理学上的有趣议题。我认为在有些情况下，儿童的确拥有一些有价值的能力，让他身边的成年人既怀念又赞不绝口。这种能力会随着年龄的增长而丧失，成年后就再也找不回来了。

从历史的角度来看，我们对待孩子的态度发生了改变。有时人们对待孩子像对待成年人一样，有时又把孩子关在幼儿园里。也许我们仍对孩子怀有维多利亚时代晚期的怜惜之心，而弗洛伊德对婴儿性欲的强调，则让怀有这种心态的人深感不安。为儿童开展的社会运动能获得大量的资助，说明儿童比成年人在情感上更为讨喜。然而儿童远远不是小天使，他们的"纯真"也不像前弗洛伊德时代大家所想的那样。但不管怎样，多数成年人有时都会被孩子迷住，对他们另眼相待。孩童的魅力到底是什么，这是一个很有意思的问题。

在诞生之初，婴儿通常会受到无条件的接纳，而且有些证据表明，那些没能得到接纳的婴儿，后来都会因为接纳问题承受痛苦。婴儿就是婴儿，一般不会有人对他们有别的期待。他们皱巴巴、红彤彤、吵吵闹闹、大小便不能自理，但他们依然是母亲的心肝宝贝，无论他们做什么都是可以接受的。虽然我们这些做不了母亲的人可能永远无法产生这种全然的爱，但我们也很喜爱幼童的随性、率真和童趣。儿童的要求也很高，他们需要持续的关注，偶尔会表现出我们觉得可爱的行为；但是在合适的条件下，他们能够自由地表达内心，毫不矫揉造作，这一点可能让我们成年人大为羡慕，因为我们失去了这样的能力。当然，儿童的这种自由，只有在受保护的环境里，在他感觉安全的环境里才会出现。一旦闯入了一个陌生人，这种情况就被打破了，可能只有父母或养父母才能看到孩子完全单纯的行为。儿童需要一个情感安全的场所，才能充分地做自己，表现出我们喜爱的那些单纯、天真、迷人的行为。

如果我的想法是对的，儿童所表现出的那种随性和自由是他们如此讨喜的原因，那么就不难看出为什么不成熟与成熟这两种极端存在着某种联系和相似性。随着儿童的成长，他的随性与自由会逐渐减少，因为这种秉性必然会与父母和其他权威发生冲突；为了适应环境，满足他所理解的、他人对他的要求，并融入社会，儿童就必须放弃那种理想化的、完整的状态——也就是我们假定儿童与生俱来的状态；而在上文提到的那种无条件接纳的情况下，这种状态依然有迹可循。随着成长的继续，童年的自由会逐渐丧失，取而代之的是一种成熟的新自由，而被接纳的孩子所拥有的安全感，也可能在与他人建立健全的人际关系时重拾。

在多数情况下，重返童年的愿望是一种退行的愿望——渴望放弃成年人的责任，回到依赖他人的状态，但是这种愿望也可能有另一层意义。寻求安全感的儿童所拥有的随性与自由则是另外一回事，也许这就是基督[11]所说的这句话的含义："你们若不回转，变成小孩子的样式，断不得进天国。"这不是在寻求幼稚的退行，而是在追求与同伴共处的安全与自由。有了这种自由，我们就能做自己想做的任何人，并允许同伴也是如此。

The Integrity
of
the Personality

第
5
章

新生的人格

我们最多只能训练每个人实现自
己全部的潜能，成为完整的自己。

——阿道司·赫胥黎 [1]

　　在以下两类人之间，存在着许多毫无结果的争议：一类人认为人格主要是环境影响的结果，另一类人则认为人格主要是由基因遗传的特质所决定的。虽然精神分析从不否认人的先天差异，但十分强调童年早期的影响（无论是真实的还是假设的）。因此有些精神科医生觉得精神分析低估了人格中的遗传因素，并且在精神分析师看来，只要分析治疗做得足够深入，持续的时间够长，就能化腐朽为神奇。然而遗传研究十分复杂，取得的进展微乎其微。对于大多数精神障碍的患者，我们依然说不清其障碍与遗传和环境因素的联系到底有多深。像亨廷顿舞蹈症这样的疾病，是由单一显性基因所决定的，而这种疾病属于特例。人们普遍认为多数人类特征的遗传会受到多方面因素的影响。尽管许多人相信某些神经症是"天生的"，但支持这种想法的证据其实少之又少；我们对于真正遗传下来的是什么了解不足，以至于无法意识到，尽管心理动力学理论可能有些站不住脚，但我们对于遗传的知识更加贫乏。有本精神病学教材[2]，其中一位合著者是其所在国的精神病遗传学方面的领军专家。这本教材是这样阐述躁狂抑郁性精神病的：

根据我们目前所知，可以说遗传因素是导致躁狂抑郁性精神病的重要因素。尽管通常为显性遗传，但只有少数基因携带者会发展出此精神病。我们必须考虑非遗传因素的影响。最后要提到的是，单一特定基因、多因素遗传以及遗传异质性的相对重要性依然不够明晰。

换言之，尽管"遗传因素是……重要因素"，但我们无法据此做出准确的预测；一个人可能携带相关的基因，而不会患上精神障碍。没有人能说清，在携带这种基因的庞大群体里谁会发病。也许研究发现了遗传因素的存在，但在进一步说明遗传与环境因素的相对重要性之前，说它是重要因素似乎为时过早。

显然，通过受到的特定教养方式来判断一个孩子的性格结构，比通过他的祖辈来预测其未来更加容易。即使孩子的父母、祖父母、曾祖父母都是躁狂抑郁性精神病患者，也不能保证这个孩子会患上这种疾病。但是，如果他在婴儿期就与母亲分离，后来遭到持续的恶劣对待；如果他在恐惧中长大，受到了惊吓与殴打，他成年后的性格中就可能包含不同程度的恐惧与憎恨——可以说这两种特征在他的人格中都会变得极为显著。我们回到那本精神病学教材[3]，看看作者是怎么谈论精神分裂症的：

在精神分裂症遗传学知识的基础之上，我们能够得出一些关于预防的结论。不过，这些结论最好从概率的角度来表述，而不能对个案下定论……精神分裂症患者的子女，精神分裂症的发病率为 10%～20%，具体情况取决于精神疾病的类型。所以，为精神分裂症患者绝育或许能防止大量注定患上这种疾病的患者出生。然而，精神分裂症患者的生育率很低，而且在他们生下的孩子里，只有很少一部分是在他们发病后出生的——也就是说，在精神分裂症症状明显之后。绝大多数精神分裂症患者的父母都没有精神分裂症。事实上，为精神分裂症患者绝育，几乎是毫无作用的预防措施。

从这段引文中可以看出，即便对于主要的精神疾病，我们了解的遗传学知识也是少之又少。因此，在精神障碍的病因方面，为遗传因素赋予过多的重要性还为时尚早。虽然我们希望未来的遗传研究能指导人格与精神障碍的研究，但现在遗传学知识的贡献还很少。精神分裂症父母也可能生出患有精神分裂症的孩子，既是因为他们遗传给孩子的基因，也是因为他们对待孩子的方式。由于母亲的精神分裂症，孩子遭受忽视和虐待的总体频率不可谓不高。人们通常认为，在大多数精神分裂症案例中，能在患者发病前的人格中发现分裂样的性格特质。因此，即使孩子生于父母发病之前，我们也可以假定其早期成长环境中缺乏某些温情与安全感，这很有可能让他容易在成年早期患上精神分裂症。

根据我们目前的知识，无法断定遗传因素和早期情感环境因素哪个更重要；遗憾的是，从事遗传研究的人几乎没有心理治疗的经验，而心理治疗师对遗传学知之甚少。想要追求科学的确定性，为研究打下坚实的基础，寻找将遗传因素与其他因素区分开来的判断标准，这种求索精神实在可敬，也成为"遗传是很重要的"这种信念的基础。当然，这种信念与相信早期情感环境至关重要的信念一样，都受到了个人情绪的影响。上述教材[4]中还有一段话，也许能反映这一点。在谈到精神分裂症时，作者继续写道：

世界上各种族、各文化中的患病率有力地驳斥了"特定环境与心理因素是引起这种疾病的重要因素"的论断；临床医生在行业、家庭与教育背景各不相同的患者中都见过一模一样的临床现象，医生们的经验也能驳斥这一观点。我们认识的一名患者就证明了这种被轻率的乐观所误导的危险。这名患者是一个女精神科医生的养子，成长于最理想的环境。他的母亲在分析心理病理学方面造诣深厚，并按照她在专业领域的经验抚养这个孩子长大。尽管如此，这个孩子依然在青春期后患上了单纯型精神分裂症，数次转学，最终不得不住院治疗。

然而，尽管精神分裂症是普遍存在的，患者也非常相似，但这也不足以否认环境与心理因素的作用。极度愤怒的人也很相似，行为也如出一辙，而且在世界各地随时都能见到，但我们很难说愤怒便是由基因决定的，完全不是某个特定环境和心理因素共同作用的结果。精神分裂症通常是慢性问题，愤怒往往是短暂的状态；但精神分裂症同样是一种人类的反应，而不是疾病。无论我们怎样试图证明精神分裂症是疾病，就像证明麻痹性痴呆是疾病一样，最终统统失败了。我们早就应该放弃这种对于精神分裂症的看法，并承认它是一种潜在的人格反应模式。

直到近年来，我们才认识到人人都有可能患上癫痫。有的人只有在大脑受到电击或注射戊四氮的时候才会癫痫发作；有的人可能稍稍受到任意刺激就会发作；更有甚者，似乎会在无外因的情况下癫痫发作。同样，有的人需要重大的生理刺激才会产生精神分裂症，有的人则要隔离与服用麦司卡林才会产生症状。

还有些人的先天素质可能决定了只需中等程度的困境，就会导致他们心理解体；尽管双生子研究表明同卵双胞胎的精神分裂症发病率很高，但事实上"有些精神分裂症患者的同卵双胞胎兄弟（姐妹）不仅没有患上精神分裂症，而且没有显著的精神异常"[5]。

我们最需要了解的不是精神分裂症的病因，而是如何预防精神分裂症。这种精神障碍的普遍性与症状的相似性说明人类的心理具有基本的相似性；但这不足以证明精神分裂症不受任何外部因素的影响。在前文的案例中，那本教科书的作者没有告诉我们那个孩子被收养的年纪。尽管没有证实，但这是一个合理的假设：罹患精神分裂症的倾向与早年的情感创伤有关——被收养的孩子的早期成长环境可能并不理想。此外，作者以为养母是个"在分析心理病理学方面造诣深厚"的精神科医生，孩子就会"成长于最理想的环境"，这实在是天真得出奇。即便是最差劲的心理治疗师也通常会承认，他对心理治疗感兴趣的原因是自身的情绪问题；尽管他的心理病理学见解可能让他能以结构化的方法处理人类的问题，但他养育孩子的能力并不会强于一个完全无知的人——哪怕这个人只是凭本能地爱自己的孩子，从未想过通过读书或咨询精神科医生来学习如何育儿。

与流感不同，患者往往是退行或退回到精神分裂症发作状态的；尽管许多案例似乎都是不可逆的，但几乎每个精神科医生都知道慢性患者会暂时"康复"的离奇案例。精神分裂症患者没有明确的器质性病变；通过与患者建立关系，医生就能相对容易地改善精神分裂症症状。在医院里，给患者的关注越多，他们的病情越不会恶化，他们也越不"精神分裂"。多年以来，作业疗法[○]越来越多地应用于精神病院慢性病房里的患者，让他们的行为与面貌发生了相当大的改变。患者的缄默、大小便失禁、肤色青紫、水肿症状越来越少，未来可能会完全消失。精神分裂症似乎是人格整合归一的失败，这种内在整合的失败表现为外在人际关系的缺失——这就是精神分裂症最突出的特征。

○ 指通过让患者参与不同的作业活动，参加一定的生产劳动，进行疾病治疗的一种方法。——译者注

在《精神分析引论》（*Introductory Lectures on Psycho-Analysis*）中，弗洛伊德[6]说："早在 1908 年，K.亚伯拉罕（K. Abraham）在与我讨论后表达了一种观点，即早发性痴呆（在当时被认为是一种精神病）的主要特征是患者缺乏对客体的力比多投注。"仿佛患者在对一连串情结或心理过程说话，而不是在对人说话；就好像他面对的是一个个彼此分离的身体部位，这些部位不能合并为一个完整的身体。如果我们不能理解促使人格成为整体的力量与组织方式，精神分裂症就会一直是个谜。精神分裂症似乎是一种基本的消极状态，缺失了某些东西，并且个性意义上的"人格"也丧失了。不同患者的精神分裂症症状与体验的相似性，很好地证明了荣格提出的有关集体无意识的假设。集体无意识是一种身体的功能，主要表现为基础原型主题的反复呈现，而个人的心理内容在很大程度上是不参与这种功能的。无论我们如何看待这种观点，都无法反驳这一事实：如果从个人的角度关注精神分裂症患者，他们的状况就会改善，如果让他们独处，他们的状况就会恶化。

我觉得，把精神分裂症看作自我实现的反面很有帮助。精神分裂症是对人格的否定，是个性的缺失，是完整的人的解体而非整合。近来有人提出，胰岛素昏迷疗法治疗精神分裂症之所以能成功，是因为治疗实施困难，需要许多人在很长一段时间内给予一名患者大量的关注。这很有可能是真的。如果说精神分裂症最显著的特征是患者的情感孤立，那么任何打破这种孤立的治疗方法，至少在一定程度上就会是有效的。

遗传学家与心理病理学家之间根本不该存在任何重大分歧，因为人格的发展显然既取决于遗传，也取决于环境；要弄清哪种因素更重要，我们很有可能在试图过度简化一个十分复杂的问题。显然人与人的差异很大，许多可能是先天素质的差异；但某种具体特征在多大程度上是早期环境条件作用的结果，又在多大程度上是遗传所致，却不得而知。比如，想一想荣格对于内外向的二元划分。这种分类方式对心理学家与研究者的价值，似乎比对心理治疗师的价值更大。荣格本人似乎认为，他的这种分类主要是由先天素质所决定的，而不是婴儿期情感经历的结果。费尔贝恩也提出了两种基本类型，他称之为"分裂样"（schizoid）与"抑郁性"（depressive）。他认为这种分类与荣格的类似。不过，尽管他承认遗传因素，他却把类型间的差异主要归因于婴儿期的经历。

我自己的工作假说是：人格的确是由基因决定的，但每个人的人格在多大程度上能达到成熟、完满、实现，很大程度上取决于环境因素。种子拥有长成果树的潜能，但梅子的核绝不可能长成橙子树，而橙子籽也不能长成梅子树；适合橙子生长的土壤与温度可能让梅子不太适应，而橙子觉得过于严苛的环境，却可能会让梅子茁壮成长。

在我看来，人与人之间难免存在先天差异，而心理治疗师需要极强的超脱与忍耐能力，才能治疗与他性情、态度大相径庭的人。然而，这种要求极高的职业也有一种好处，那就是心理治疗师能深刻了解与自身先天差异非常大的人。尽管没有人的同情心能包容万物，但随着心理治疗师的成熟，他的同情心可能会变得更加宽广，而非更加狭隘。

在当代人类先天素质的研究中，最透彻的要数威廉·谢尔登[7]（William Sheldon）的研究。他提出的体质类型概念，如中胚层型（mesomorphy）、内胚层型（endomorphy）与外胚层型（ectomorphy），以及相似的气质类型概念，如躯体强健型（somatotonia）、内脏强健型（viscerotonia）以及大脑强健型（cerebrotonia），都得到了越来越多的接受。谢尔登与他的同事提出了一个有趣的观点：人之所以会患神经症，是因为他们想要违背先天素质的要求——这种做法是徒劳的。谢尔登认为，体质与性格是紧密相联的。只要研究过谢尔登和恩斯特·克雷奇默[8]（Ernst Kretschmer）著作的人，都很难不被他们提出的论点折服，不过这些论点现在还缺乏证据。与谢尔登共事过的J.M.坦纳[9]（J.M.Tanner）在一篇有趣的文章中承认，现在还没有太多确定的科学证据支持体质与性格之间存在紧密联系。不过，他继续说道：

承认这一点让我很是为难，因为我认为日常生活中的证据有力支持了体质与性格之间是有关系的，这种关系与克雷奇默与谢尔登的论述非常吻合。我甚至愿意进一步说，我认为，我经常看到人们试图表现出与性格不符的样子，并因此产生了神经症的行为。我经常见到，一旦人的行为更符合理论上的预期，他的神经症特质就会减轻。这种情况之多，恐怕不是巧合。

人可能做出与本性不符的行为，这种行为会让人患上神经症。从某种意义上说，这种观点对我来说很有价值。如果我们接受这个假设，就说明人可以通过了解自我，更多地按照自身秉性行事，在一定程度上解决自身的问题。荣格一直以来都有一个观点，即心理会自我调节，神经症症状并不只是令人难受的困扰，要予以消除，也是心理试图恢复平衡的努力。上文坦纳提出的有关神经症的观点，似乎也有同样的意思。

对于心理动力学的精神疾病病因学说，有一种常见的反对观点。这是因为在一个家庭里，可能有一个孩子患上疾病，另一个孩子却没有患病。假设环境与教养方式基本保持不变，就说明遗传因素肯定是最重要的。当然，我们可以说，世上没有两个孩子的成长经历是完全一样的；家庭中的地位很重要；早期喂养孩子时的困难可能会起到决定性的作用，而同一家庭中两个孩子的经历可能大不相同。所有这些可能都是对的。即便如此，反对观点依然存在，否认先天因素的重要性是愚蠢的。但一个孩子的蜜糖可能是另一个孩子的毒药；父母的态度与气质可能会鼓励一个孩子的人格发展，却抑制另一个孩子的人格发展，因为孩子的先天素质不同。在心理治疗中，我们要不断处理亲子之间的互动，处理相对而非绝对的情况。同一对父母在内向的孩子看来可能是一副模样，在更外向的兄弟眼中则可能是另一副模样；两种描述可能都是"对"的，因为他们描述的不是父母的真实人格，而是他们与父母的互动。

我相信，我们可以客观描述他人，但只有在能与他人建立我在之前所说的"成熟关系"的情况下，才有这种可能。根据其定义，在孩子年幼的时候，孩子和父母之间是不可能有这种关系的。当患者描述父母施加在他们身上的限制时，我会处理他们在捍卫自我时产生的对立情绪，也会从各个角度讨论他们在性欲萌生时产生的内疚感。我会把他们的描述当作他们眼中的事实，而不是局外人所看见的真相。如果我站在月台上，一列时速 50 英里[○]的火车就看上去很快；但如果我在另一列时速 70 英里的火车上，逐步超越前车，那我就不会为那列火车的速度感叹，只会觉得它很慢。时速不变的火车在一种情况下可能看上去很慢，在另一种情况下则很快；这两种对于车速的描述都是"正确"的，这与观察者所处的不同环境有关。凡是在儿童辅导诊所工作过的人都会发现，诊所工作人员眼中的父母常常与孩子眼中的父母有着天壤之别；工作人员眼中满怀期望的父母，在孩子眼中则可能严厉得可怕。

几乎每个学派的精神分析师都会受到一种批评：他们总

___

　○　1 英里≈1.61 公里。

是因为孩子后来患上神经症而指责父母。因此，我有必要再多说一句，发展中的压力与负担是无法客观看待的，只能通过患者的眼光来看待；患者所面临的困难仍然是真实的，哪怕秉性不同的人可能完全不觉得这算什么难处。

环境既是重要的，也是相对的——这就是为什么教育的方案、给父母的建议，以及心理学教材用处不大。在我看来，关于养育孩子，我们只能确定一件事，那就是我们应该接纳孩子，将其视为独立的个体，允许和鼓励他们与父母和其他孩子有所不同。只有爱孩子真实的样子，而不是爱他人眼中孩子应有的模样，孩子才能茁壮成长。

很可能这种非理性的接纳，这种毫无保留的被爱，才是成年人自信的基础，才能使人相信自己是一个完整的人；神经症的失调则是由真实或想象的接纳不足所导致的。由于人在很长一段时间内是无助的，所以孩子必然会遵从他眼中的父母的愿望——稍有差池就会导致父母收回他们的保护和爱。因此孩子可能一边伪装，一边否认真实的自我。

在每一个神经症的成年案例中，我们都能看到这些伪装与否认的机制。我相信神经症是哪种类型，取决于哪种机制占据主导地位。

伪装、否认的概念与内摄（introjection）和投射紧密相关；虽然有些精神分析师似乎认为人格主要由内摄积累而成，而我更倾向于荣格的观点，即孩子从一开始就有一个独立的人格。因此，我认为投射与内摄都是防御的手段。由于弱小与依赖，年幼的孩子不敢完全做自己，除非他的人格恰好与他认为的、别人对他的要求一致。没有孩子如此幸运，所以他必然会改变只做自己的状态，逐渐成为他认为的、父母所希望的样子。

要改变"做自己"的积极状态，就要在一定程度上认同父母，内摄他们的态度；成熟的过程则包括从人格中排除那些出于安全考虑而内摄的态度与行为模式，不过排除的态度与行为应不属于此人自身的人格。

The Integrity
of
the Personality

第
6
章

认同与内摄

万物皆有目的，所以人也要在世上为某种目的服务，并在这过程中充分展现自己的天性。这就要尽可能地发展他的优秀品质，也就是他的天赋。

——C. M. 鲍勒（C. M. Bowra）[1]

"认同"这个术语，同大多数心理学表述一样，拥有不止一种含义。因此明确这个词在使用时的含义就非常重要。我在使用"认同"这个词的时候，指的是这样一种现象：主体与客体没有分化，认为彼此是一样的，然而事实上他们却是不同的。在《心理类型》（*Psychological Types*）的"定义"（Definitions）这章中，荣格[2]说道：

> 认同就是主体与自我疏离，却接近另一个客体；从某种程度上讲，主体伪装成了这个客体。例如，向父亲认同实际上就是学习父亲的行为举止，就好像儿子与父亲是一样的，而不是独立的个体。认同有别于模仿，因为认同是无意识的模仿，而模仿是有意识的复制。

接纳他人与自己不同，是自立的独立个体——这是关系成熟的标准。这种观念已经得到了进一步的发展。显然，向他人认同已经成了建立成熟关系的阻碍。这里我要引用费尔贝恩[3]的话："正常的发展主要是一个逐渐与客体分化，并逐渐减少认同的过程。"这句话很好地、充分地解释了一个基本的心理事实。我认为只要人格继续发展，那么认同就会不断减少，分化也会不断增加。但是费尔贝恩忽视了一个事实，那就是发展的后期阶段也存在多种认同，而这些认同起到了促进人格成熟的积极功能；虽然这些认同可能是暂时的，但它们可能会激发潜在的品质，从而在人格发展中起到重要的作用。我们也可以将认同视为自我发现的助力，而不仅仅是一个幼稚的阶段，应予以摒弃。

最原始、最基本的认同就是婴儿对母亲的认同；我们可以合理地假设，婴儿只能逐渐意识到自我的存在，意识到他与这个刚刚孕育了他的母亲是相互分离的个体。起初，婴儿的世界似乎是极度以自我为中心的，完全从主观的角度看待他人。也就是说，小孩子认为他人的存在就是为了满足自己的需求，他们不是有着自己生活的人。在需求得到满足时，婴儿通常会睡觉；从婴儿的角度来看，那些为他服务的人可能就会暂时消失；当饥饿来袭，需要这些人再次出现的时候，他们就会"复活"。

我们不能确切地知道，那些婴儿爱的、需要的人在完成他们的任务，满足婴儿的需求之后，他们的面貌会在婴儿心中留存多久；但现在的观点认为，这个时间会随着年龄的增长而变长。我们知道，在童年早期，母亲一旦长时间不在身边，可能对婴儿来说就意味着母亲已经完全消失了。

如果一个人不能持续待在身边，年龄较小的儿童就不能理解这个人是持续存在的。约翰·鲍尔比（John Bowlby）[4]就提出过儿童人际关系能力发展的主要阶段。

大体上，下面是最重要的几个阶段：

（1）婴儿与一个身份明确的人（他的母亲）建立关系的阶段；通常婴儿在五六个月时进入这个阶段。

（2）孩子需要母亲一直陪在身边的阶段；这个阶段通常会持续到三岁的时候。

（3）当母亲不在身边的时候，孩子逐渐能够维持与她的关系。在四五岁的时候，这种关系只能在良好的环境下维持，而且每次只能维持几天至一周；在七八岁后，这种关系就能维持一年以上，但肯定会伴随着一些压力。

我们可以推测婴儿是怎样充分意识到母亲是一个独立的人的。是不是因为他发现了自己的身体是有边界的，并通过这个边界将自己与周围的环境区分开了；还是说，当某种需求没有立即得到满足的时候，婴儿会产生一种模糊的想法，即必须由某种自身以外的客体来满足这种需求。也许这两种机制一同发挥了作用。也许我们可以对鲍尔比在第一阶段中的措辞提出一些异议。婴儿可能会与一个他多次识别出来的人（他的母亲）建立关系；但她是不是"身份明确"的人，实在很值得怀疑。在成年生活中，我们时常会遇到这样的神经症患者：有些人仍然无法区分自己的感受与母亲的感受，还有些人会认为母亲有某些想法，甚至身体感觉，而在旁观者看来，这些想法和感觉只和他们自己有关。我们难以指望婴儿明确地认清他人。即便是重新认识同一个人，也是一件了不起的事情；也许这实际上是一种认出熟悉事物的快乐——而不是对一个明确的人所做出的反应。

我们知道，小孩子的爱是一种"贪婪"的爱，这是很正常的；孩子不会把我们这些照料者当作拥有自己生活的人，而仅仅是当作为他服务的奴仆。只要我们满足了孩子的愿望，他就会"爱"我们；一旦我们拒绝孩子，他就会"恨"我们。"婴儿全能感"（infantile omnipotence）这个精神分析概念指的就是这样一种婴儿在理论上的主观感受状态：全世界似乎都围绕着他的愿望，都服从于他的欲求。彻底的依赖的确会促使他人做出最强烈的回应：全然无助是婴儿最强大的武器。他只需要放声大哭，就会有一双手来心甘情愿地照料他；只需要露出微笑，就会有欣喜若狂的声音称赞他；只需要打个嗝，就会有抚慰的肩膀托起他。无怪乎外在的无助感与内在的全能感是相匹配的，这两种看似不相容的感受是相辅相成的。

在成年人中，总是最无助的患者对治疗师的要求最高；而这样的患者无法意识到，他们总是把他人当作为他们服务的奴仆，而没有意识到他人也是人，他们可以与这些人建立平等、合作的关系。这是因为他们感觉自己与他人地位悬殊，导致他们可能会提出极高的要求——因为他们不相信自己能给予他人任何东西，所以只能把他人当作付出者，而不是接受者，所以他们无法与别人建立任何互惠的关系。缺乏爱的人会把爱看作一条单行线。而且，如果一个人认为自己没有什么能给予他人，他就只可能与他人建立被动接受的关系——用精神分析的术语来讲，这就是口欲早期的发展。

这个假设似乎是难以辩驳的：婴儿的世界里最初只有自己，自己与照料他的母亲、盖的毯子、呼吸的空气、喝的奶水是浑然一体的。起初他就是一切，就是万物，这种完整感源于完全的依赖。只有当婴儿意识到，并非自己的每种欲求都能得到立即满足，因此自身之外必然存在某些外在事物，因此他并不完整，而这时他的这种完整感才会被打破。

佛教无欲无求的理念就是在寻找这种最初的完整感：因为只有人摆脱了欲求，他才能摆脱依赖；只有人什么都不想要，他才是一个完整的人。我们有时能在精神分裂症患者身上看到这种婴儿的、以自我为中心的世界是什么样子。荣格[5]谈到过一个患者，此人"有一种奇思妙想，认为世界是他的图画书，而他可以任意翻动其中的书页。要证明这一点很简单：他只需要转过身去，就有新的一页供他观看"。这就是淋漓尽致的全能感。我有一个患者，他曾经会画一个圆圈来代表自己。他幻想这个圆圈会向外扩张，将整个世界容纳其中。这样一来，他与整个世界终将浑然一体。事实上，他是一个精神分裂症患者，根本不具有应付世界的能力；他在面对现实时的无助感，恰好被他内在幻想世界中的全能感抵消了。

年幼的孩子只能逐渐意识到自己是独立的个体，并逐渐意识到他人也是如此。对母亲最初的原始认同的消失，可能在一定程度上是因为孩子发现了自己身体的边界，意识到了空间的存在。用脚去踢一件东西，就会发现既存在我，也存在非我。因此，沮丧就是一种重要的自我发现——发现并非自己所有的愿望都会立即得到满足，这种沮丧会让人发现自己是依赖他人的；发现有些东西不听自己的使唤，这种沮丧会让人意识到自己身体上的局限，意识到存在着一个外在的世界，他与这个世界并不是一体的，而他对这个世界的影响是有限的。

我认为，这种与外界分离的意识觉醒会导致焦虑与恐惧。因为对于婴儿来说，这种觉醒必然让他同时意识到自己的依赖与无助。年幼的孩子越是意识到他与母亲是分离的个体，就越会意识到母亲离去的危险。父母有时会发现，一个一直很有安全感的孩子，可能会开始表现出对于被单独留下的焦虑。父母不知道自己做错了什么，但这种变化通常没有具体的外在原因。孩子的焦虑通常伴随着攻击性行为的增加——在孩子四五岁的时候，他们发脾气的现象变得很常见，这正是独立性开始显现的时候。我们可以从这种角度来看待孩子的焦虑：在无意识的层面上，孩子害怕自己的攻击性会害死父母。这也许是正宗的精神分析观点。也许，认识到这种焦虑与孩子开始成为独立个体之间存在关联，也是很有价值的。孩子借助自己的攻击性与父母分离——因此的确是攻击性带来的恐惧导致了孩子的焦虑，但与其说孩子害怕害死父母，不如说他更害怕被抛弃。

母亲越是成为有独立意志的人，而不仅仅是可以被任意使唤的需求满足者，那么她忽视孩子的需求或愿望的危险也就越大。如果孩子和母亲仍然是互相认同的，孩子就会认为母亲是自身的一部分，在一定程度上服从于他的意志；可一旦孩子意识到了母亲是独立于自己的，那她所提供的必不可少的支持就不可靠了。这样的认同可能会持续到成年时期。在临床工作中，我们几乎每天都能在即将结婚、离开娘家的女儿身上见到这种现象。在许多案例中，母女之间的强大联结一直完全处于无意识之中，直到分离的时候到来为止。女儿一直把母亲当作自身的一部分，几乎没有想到母亲是一个独立的人，因此她从未想过没有母亲的生活。一想到从今以后都得不到母亲的支持，她的心中就产生了恐惧。许多母亲总是为孩子把每件事都做好，鼓励了孩子的这种无意识，从不允许孩子独立发展。因此，这样的母亲仅仅把孩子看作自己人格的延伸，而不是自立的人——于是孩子自己就会让这种无意识认同持续下去。在这种情况下，母亲对女儿的依赖，与女儿对母亲的依赖一样大，她们都害怕遭到对方的抛弃。

谈到这里，我们依然坚持"人类需要彼此才能发展"的假设，并强调了成熟并不是取得独立，而是与他人建立成熟关系的观点。因此，只要看完我前面的论证，就不会对这一想法感到惊讶：我认为对被抛弃感到恐惧是人类的一种基本恐惧。即使已经长大成人，我们也必须依靠彼此，才能维持心理健康，没有人能接受情感孤立的生活，还能同时保持人格的完整。"彻底的孤独与孤立感会导致精神解体，正如身体的饥饿会导致死亡。"[6] 因此，孩子害怕失去那些他依赖的人，这一点不足为奇——这不仅是因为他有生理的需求，也是因为他正在发展的人格结构要得以存续，就必须与那些接纳他的人维持关系。在精神分裂症患者身上，我们可以清晰地看见人格解体与客体关系的丧失是同时存在的：可以说，对被抛弃感到恐惧基本上就是对疯狂的恐惧。

对被抛弃感到恐惧会使孩子试图再次向父母认同，内摄他们的标准和态度——换言之，建立一种内在的、原始的意识，即精神分析常说的"超我"。没有意识到自己是独立个体的小婴儿，可能会充满全能感和安全感——前提是他是全然无助的，而他身边的成年人能立即满足他的需求。可是一旦孩子开始意识到自己是独立的个体，成年人不能随时为他服务，他就得顺势而变，转而取悦成年人，因为他害怕成年人可能抛弃他、惩罚他。入了他乡，最安全的做法就是随俗，否则就可能招致当地人的愤怒：因此明智的做法是学习当地人的着装，效仿他们的行为，因为自己的安全取决于他们。

因此，要处理丧失原始认同必然带来的焦虑，一种方法就是内摄父母或监护人的标准与态度，进而再次向他们认同。这些标准和态度可能与孩子的先天倾向相符，许多人一生都心满意足地坚持代代相传的信念与生活方式；有些人则注定要寻找自己的方向，要对抗那些传递给他们的传统，要忍受与父母分离的焦虑与恐惧，最后还要开辟新的、个人的视角。这些人的遗传特质让他们无法既保留内摄的父母态度，又维持自身的人格完整。他们被迫争取自由，寻找属于自己的生活方式，抛弃他们在成长过程中接受的传统。对于这些人来说，自我实现包括发现并抛弃内摄的父母态度，而他们越是能提早获得一定的情绪安全感，就能越早地抛弃这些态度。在这样的家庭里，孩子更容易获得情绪安全感：父母有足够的安全感，能够容忍与他们不同的人；而且他们足够成熟，允许孩子做自立的个体，而非他们年幼的翻版，并且与孩子建立关系。只有那些自身需要保障的人，才会坚持要身边的人服从他们的兴趣与观念。由此看来，能否容忍与自己的差异，是成熟的试金石。父母常常不把孩子看作独立的个体，而是看作自己的一部分；发现孩子拥有自己的兴趣和身份认同时，父母会感到困扰。

在我看来，对父母认同最深的孩子，在成长过程中的焦虑也最多；如果他们在成年后接受心理治疗，我们就能观察到，稍稍偏离父母的标准，会给他们带来怎样的非理性恐惧。看到真实的人格努力迎来新生，并抛弃那些为了安全而产生的认同，会让人感到非常欣慰；在这个过程中，患者也会萌发出新的坚定与信心。但是，刚开始尝试的时候，我们就像看着一个胆怯的游泳初学者不敢下水一样。他们需要多次尝试水温，反复伸出手脚试探，最后才能进入水中。

　　归根结底，对父母的认同建立在超我（super-ego）的原始教导之上，这就是关于恐惧的教导。最基本的教导语是："我必须像他们一样，否则他们就会生气。""好"就是父母提倡的，"坏"就是他们不喜欢的；当然，父母喜欢他们自己，以及自己的观点。许多成年人的行为模式并非建立在理性或有意识的选择之上，而是建立在童年时期内摄的父母态度之上。即使已经不适合当下的情况，他们依旧没有抛弃这些态度。超我的标准是刻板的，与当下的现实无关，而且受到了情绪的防御。理性的论证几乎不会动摇这些观点和行为模式。除非一个人感觉自己像是一个受到威胁的小孩，否则这些观点与行为是不会改变的。我们肯定都很熟悉那些总让自己忙个不停的人。他们不能休息，如果不"做些事情"，就会感到很不舒服。这样的观念进入了他们的心理结构：闲散是"坏"的，做事是"好"的。因此，无论做的事情多么无用，他们都宁愿忙碌起来，也不愿意闲坐，让内心遭受"懒惰"的指责。

　　因此，自我实现的过程包括抛弃一些内摄的信念与态度。事实已经证明，这些信念和态度与发展中的人格不符。这个过程可能会伴随着许多焦虑和抑郁。比如说，在青春期时，新的自我发现往往是由抑郁引起的。众所周知，青少年很情绪化，而他们的抑郁发作往往体现了他们发现下面事实的绝望：他们并不"好"，因为他们与脑海中的父母期望不符，他们不是父母年幼的翻版。

摆脱对他人的认同是没有止境的过程；大多数人都在一定程度上受制于家庭背景、社会阶层，或者国籍。精英俱乐部、校友聚会等，都是提供心理保障的机制。举个例子，要寻找所谓的团结精神，要彼此吹捧，最理想的场所还得数慈善晚宴！在一团和气的微醺之中，迂腐的陈词滥调也变得可以接受了，四周的一切让人人都觉得自己是快乐的老好人（当然，在场的侍者除外）。在这样的聚会里，人们获得了多少相互支持的感觉，就会丧失多少个体的属性；在群体的肤浅里，人格的细微差别就消失了。

我一直在试图从消极的角度探讨认同，但正如我在本章开篇所说，认同也可能在人格发展中起到积极的作用。在寻找自己的个性时，发展中的人可能需要抛弃对一些人的认同——他所依赖的人，他不敢不效仿的人。然而，他也会向那些吸引他的人认同，那些人可能会激发出他人格中的某些潜在部分，从而在他的发展中起到重要的作用。

The Integrity
of
the Personality

第
7
章

投射与解离

我是人，人所具有的我都具有。

——泰伦提乌斯（Terence）[1]

人格中有一些内摄的态度与信念，与人格本身并不相符。孩子是从他依赖的父母和其他人那里一股脑吸收来这些信念和态度的。我们在上一章中已经谈过，将这些态度与信念从人格中剔除出去有多重要。现在，我们必须思考一下与此相反的过程：认识并接纳我们在成长过程中否认和排斥的属性。内摄是指一个人认为自己具有某些他人的属性；投射则是指一个人认为他人具有自己的某些属性。在寻找自身的个性时，认识那些投射到他人身上的自我部分，与抛弃那些从他人身上内摄到自身的部分一样重要。

我们已经提出过这样的假设：由于依赖父母的认可，孩子会努力效仿这些他必须取悦的人。这就使得孩子的人格会按照父母的人格，或者按照他所认为的、父母对他的要求发生变化。与此同时，孩子还会避免使自己的人格成为父母所不喜欢的样子——他们会试图否认和排除父母所批评的性格，或者不能在亲子关系中展现的特点。因此，孩子会逐渐把自身的某些方面视为危险的、令人厌恶的，从而否认这些方面。但是，如果孩子未来在他人身上看到同样的特点，就会深感不安；他不能接受自己身上的这些特点，于是倾向于认为这都是他人的特点，并加以谴责。

在这种类型的投射中，最为极端的形式出现在偏执型精神病患者的身上。这些患者认为自己遭受了无端的迫害，是无辜的受害者。偏执型精神病患者表现出来的妄想模式是千篇一律的，都是同一基本主题的不同形式。这些主题源于性和攻击性的冲动，患者不能接受自己拥有这样的冲动，进而将其投射到他人身上。都是"他们"（他人）在他脑海中灌输了那些下流的想法，让他的身体产生了古怪的感觉，而不是他自身拥有情欲。都是"他们"想谋害他，而不是他在憎恨、回避自己的同伴。都是"他们"在深夜里窃窃私语，在耳边辱骂他，而不是他自己的念头和幻想在折磨自己。那些不可接受的东西与自己完全脱离了干系，却被投射到了其他人的身上。在这种案例中，患者对于"坏"的彻底投射，体现了他的基本脆弱与无助。只有那些情感极度依赖他人的人，才无法承认那些特点。他们在儿时相信，父母认为这些特点是"坏"的，一旦承认自己具有这些特点，就会威胁自身安全。观察表明，后来患上精神分裂症的人往往是过度顺从的"好"孩子。这种现象支持了上述观点。不过，要看到这种投射在真实情况下的样子，我们无须审视精神病患者，甚至用不着窥探心理治疗师的咨询室，我们的日常生活经历就能提供大量的例子。

只要对心理学稍有了解，就不难看出：人经常谴责他人身上的某些特点——他们无法接受这种特点出现在自己身上；正是他们不愿承认的缺陷使他们发出了最严厉的谴责。有一项研究调查了人们最讨厌的人，这项研究很有意义，甚至会让人感到痛苦，因为这种研究揭露了投射，进而揭露了一个人不被承认的人格部分。

人们经常谈到敌人之间的特殊联结。与两个礼貌地疏远对方的人相比，两个互相鄙夷的人在情感上的距离更近，最终更有可能搭上关系。这也从侧面说明了这样一种现象：恨就像爱一样，必然包含主观的元素，两个相互憎恨的人之间存在某些共同点。因为他们恨的是自身的某种东西，对方却把这一点表现了出来。

我们在他人身上最厌恶的东西，是我们自身某些不被承认的部分。这一观点已经得到了广泛的接受。然而，接受一种观点是容易的，接纳被压抑的婴儿期攻击性和性欲，则是一个痛苦而困难的过程，中途还会伴随着相当多的恐惧和焦虑。要同化投射出去的东西，就像抛弃内摄的东西一样困难。在心理治疗中，也许花在前者上的时间，甚至比用于后者时间更多。人格中不被承认的部分通常会表现出三种显著特征，这些部分通常会被投射到他人身上，会维持婴儿期的特征，还会以症状的形式造成困扰。前文已经讨论了对他人的投射，另外两种特征则需要进一步澄清。

在童年早期被否认的自我部分依然维持着婴儿期的特征，

这是一个非常有趣的现象。即使经验丰富的心理治疗师有时也会惊讶地发现，在看似成熟的成年人身上，会出现童年早期常有的信念和态度。仿佛有一个孩子与成年人的人格共存——不但如此，这个孩子最早的特征还原封不动地保留了下来，他依然会像很久以前那样感受和思考。

举例来说，许多体面人都为婴儿期的、原始的性幻想和强迫性症状感到困扰。这些幻想与症状给他们带来了许多痛苦，只有经历极其艰难的内心斗争，他们才会向治疗师承认。但是，如果他们能充分地、诚实地面对和接纳这些幻想，对另一个人坦诚相告，那么他们的强迫性症状就会消失，因此消耗的能量也就能为整体人格所用。不能充分向他人承认的东西，就是个体自身无法充分接纳的东西；个体无法接纳的东西，就无法向另一个人承认。人们通常认为，能在私底下向自己承认的事情，就已经得到了接纳；只有个体完全没有意识到的东西，才是他难以忍受的。人们也许能充分意识到困扰他们的幻想，但他们依然很难向他人透露。这说明，向自己承认某事，与真正向他人讲述这件事之间存在巨大的差异；而且正如本书前面章节所说，成熟的过程包括接纳被排斥的、婴儿期的人格部分，而这个过程是不能独自完成的。我认为，这就是心理治疗过程存在的理由。心理治疗最终还是取决于患者与治疗师之间的关系。

人格中不被承认的、被排斥的部分会导致症状，这种观点已经得到了广泛的承认。但是，如果对自我实现没有一定程度的理解，就很难明白为什么会这样。弗洛伊德给我们留下了重要的观察结论："强迫性重复"与"被压抑事物的重现"（return of the repressed）。几乎所有心理治疗师都会承认，被排斥的东西不仅会持续存在，并以婴儿期的形态重现，还会以症状的形式出现，要求得到承认。人格中被排斥的部分，就像孩子吵闹着要进入房间一样：除非你让他们进来，否则就会折腾个没完。这就好像我们人格中最幼稚的部分、最想要摆脱的部分被赋予了生机勃勃的能量，要求表达自我一样。人格最终要寻求整体的实现，无论自我多么努力地排斥它难以忍受的部分，被排斥的部分都会以某种方式浮现出来——无论是成为症状，还是成为对他人的投射。最终的目标是完整人格的实现。

　　本章的标题是"投射与解离"而不是"投射与压抑"。这是因为我觉得需要用一个词来表达对心理内容的排斥和分裂，但又不能暗示这些内容是无意识的。从定义上看，在压抑的过程中，心理内容会变成无意识的；被压抑的内容只能借助某种专业技术才能挖掘出来。不过，有些心理内容（想法、感受、幻想）仿佛既不属于自身的人格，也没有深藏于无意识之中，但它们可能会掩盖其他无意识的内容。前文提及的性幻想就属于这种心理内容，许多强迫性思维也是如此。"解离"（dissociation）这个术语既包括上述这些现象，也包括被压抑的观念。我提议，我们可以用这个术语来指所有仿佛不属于人格的心理内容，无论是有意识的，还是无意识的。

为什么容易被解离、被投射的心理内容，主要都是与性和攻击性有关的冲动？在下一章里，我希望能说明绝非只有这些内容会被投射出去，但在我们的文明社会里，人们觉得最难以面对的自我部分，的确往往与性欲和权力欲有关。在《未发现的自我》（*The Undiscovered Self*）中，荣格[2]谈到："被性欲与权力欲（或为自己争取权利的欲望）支配的无意识本能，与圣·奥古斯丁提出的两种道德概念——私欲（concupiscentia）与傲慢（superbia）是相对应的。这两种基础本能（种群延续与自我保护）之间的冲突，正是无数冲突的源头。"

权力欲与性本能也是在童年无法表达的人格部分，而且必然会与父母产生冲突。只要父母掌握权力，孩子就无法充分地展现自我；只要父母是孩子主要的爱的客体，孩子的性欲就得不到充分的表达。

前面的章节提出过这样一个假设：依赖与攻击性是联系在一起的；而且，由于每个孩子都必然依赖他人，因此每个孩子都必然具有攻击性。如果孩子要发展出独立的人格，就必须与父母对立——无论父母多么宽容、多么慈爱，否则孩子就会一直向父母认同，沦为父母心理的倒影。有些父母很少反对自己的孩子。他们会满足孩子的一切需求，对孩子百依百顺，让自己的个人生活完全服务于孩子的愿望。这样的父母剥夺了孩子合理反对任何人的机会，进而阻碍了他们的发展。我们无法与总是让步的人争执，所以孩子要么会变成一个暴君，要么会为自己完全正常的攻击性感到内疚。

一个母亲若总是自我牺牲，从不提出自己的要求，完全放弃了自己的生活，那么在她的榜样示范之下，她的孩子可能会产生这样的印象：与任何人对立都是错的。这可能导致孩子试图否认和分裂其人格中的攻击性冲动，而这些冲动本应在他们的发展中起到重要的作用。因此，老式的"进步主义"学校可能应该受到批判。在那种教育制度下，反叛精神是不可能存在的，因为任何事情都是可以容忍的。从个人发展空间的角度来看，这种制度比不上那种师生都能提出要求的制度。爱孩子并不意味着要对孩子让步，而是要接纳"叛逆与对立是成长必需而重要的部分"这种观点。孩子需要与父母争执，因为不愿与孩子对抗的父母并没有把孩子看作一个人，也不能维持与孩子的关系。因此，导致孩子解离并在一定程度上否认其攻击性，可能是因为他有始终让步的父母，或者因为有从不让步的父母。

现在，专横的父母比过去少了。对于许多教养良好的人来说，问题在于行使权威，而不是限制权威。但是过度行使权威肯定会惊吓孩子，使孩子惧怕父母，以至于不敢表示反对。在这种情况下，孩子同样无法表达自己的攻击性，他的发展依然会受到阻碍。因为只要孩子稍稍表露攻击性，就会招致惩罚，所以他自然会试图否认那些让父母发火的感受，以免产生不安全感。因此，无论是父母过于强势，还是过于顺从，孩子的攻击性都会被解离：像往常一样，最理想的情况是对立两端之间的平衡。这种平衡难以取得，无怪乎许多人的攻击性都被解离，并可能因此导致神经症症状。的确，一段时间以来，不少心理病理学家付出了更多的努力去了解人格的攻击性冲动，而不是去研究性欲。

通过我在上文概述的思路，很容易看出孩子的攻击性冲动是如何从人格中解离的。在当今这个"启蒙"的时代，也许不太容易看出的是，性欲可能也让人感到有些陌生了。由于现在受过教育的成年人大多粗通精神分析的概念，所以父母不再像弗洛伊德在19世纪末的维也纳所见到的那样，会对孩子的婴儿期性欲大加斥责。然而，性欲及其衍生因素依然是神经症冲突的主要来源和有力动因；现有的证据表明，在完全的性自由中成长起来的孩子，与接受传统教养的孩子，似乎在进入青春期时都会遇到同样的困难。他们似乎难免会产生一些关于性欲的内疚与焦虑：因为无论成长环境多么宽松，性冲动通常都难以在家庭环境中得到充分的满足。只要孩子的行为仍旧主要由父母掌控（无论是外在的真实父母，还是内在的超我），那么在一定程度上，性欲就始终是人格中被排斥的部分，因为这个部分无法用实际行为来表达，至少在亲子之间不行，否则将损害亲子关系。

为什么乱伦会受到普遍的谴责，这是一个值得思考的问题。这种现象并不是非常罕见，而且大多数精神科医生都会见到一些这样的案例。在我看来，亲子间的乱伦关系通常对孩子是有害的。我们应该反对亲子之间的乱伦，首先是因为父母在性的情境下会抛弃父母的身份。在我们的文化里，父母应该能够处理孩子不能处理的情况，从而居于领导地位，保证孩子的安全。如果父母被任何强烈的情绪控制，他们就不再是安全的人，也不再是父母了。醉酒的、暴力的、受到惊吓的父母也都会威胁孩子的安全，即使他们不沉溺于情欲也是如此，因为失控让他们至少暂时无法承担父母的责任。

不但如此，如果两个人之间有很大的权力差异，性就可能会让人害怕；看到一个强大的人要强行与较弱的人性交，我们都会于心不忍。对于所谓"原始场景"（primal scene）[⊖]的观察往往会得出这样的结论：孩子经常把性行为当作男人对女人的攻击，因而感到害怕。因为对小孩子来说，爱主要是温柔与保护，无怪乎他会把成年人的激情视为暴力，将父母的乱伦企图视为威胁而不是爱意。

在成年生活中，只有伴侣双方感觉彼此平等，才能充分表达性欲之爱。此时付出与索取是均等的，双方接纳彼此，将对方看作一个完整的人。这就是为什么精神分析中的成熟标准——"性器至上"是有其道理的，尽管这个词表示的含义可能比实际上更狭隘。如果伴侣中的一方明显依赖另一方，如果在情感上一方是孩子而另一方是父母，那么性关系必然不尽如人意，因为更有权力的一方可能会妨碍双方自由地表达感受。如果伴侣中的一方被当作父母，就说明一方弱势，另一方强势。要充分地表达性欲之爱，男性不应该害怕他会

⊖　指孩童目睹父母的性生活，造成创伤性的幼儿期经验。——译者注

91

伤害伴侣，也不应该害怕伴侣会伤害他，同样的道理对于女性也适用。不平等的感觉既会引起怨恨，也会引起畏惧，因此自由地给予和接受身体之爱的能力，就被身体受伤的恐惧所破坏了。

父母对孩子的性举动不一定会让孩子害怕，但我们要反对这种乱伦的关系，还有一个更深的，也许是更重要的原因。在青春期，性欲是独立的主要推动力。青少年受到日渐旺盛的性欲驱使，会到家庭之外寻求关系，因为在正常的情况下，在家里几乎没有表达这种欲望的余地。如果在家里能自由表达性欲，孩子就没多少理由离开家去独自闯荡了，其结果就是始终处于不成熟和依赖他人的状态。

亲子之间的乱伦是个性、成熟、自我实现的反面。乱伦既有可能让性欲变得太容易满足，也可能让性欲变得过于可怕，因此乱伦可能会鼓励孩子维持不成熟的状态，或阻止他发展出成熟的态度。法律的刑罚证明我们的社会对乱伦有着根深蒂固的厌恶，这种厌恶可以说既有理性原因，也有情感原因。因为乱伦可能会妨碍或干扰个体的成长与发展，如果我们接受"个体的充分发展是好的"这个基本假设，那么就很容易说明乱伦应该受到强烈的反对。

性欲一旦进入亲子之间，就必然破坏亲子关系，所以可想而知，性欲就像之前提到过的攻击性冲动一样，可能会从整体人格之中解离出去，让人感觉陌生——即使父母可能从未明确指责孩子早期表现出来的性欲，也没有像精神分析的先驱者经常强调的那样，威胁要阉割孩子，事实也依然如此。

能够整合性欲，充分接纳和承认性欲的重要性，承认性欲在我们自身的方方面面中无处不在，是检验一个人成熟与否的试金石。因为能够认识到性欲的丰富内涵，就能够承认自身与父母的分离，并且做一个独立的人。父母常常不必要地责备自己，因为他们认为自己给孩子带来了内疚与焦虑。当然，他们经常这样做，而且没有人会认为极端专制的教养方式（会让孩子担惊受怕）是有益的。但是我们应该记住，即使孩子的成长环境已经近乎理想，孩子逐渐成为独立个体的过程也必然伴随着某些焦虑，而这种焦虑主要出现在那些我们人为划分的人格部分里，即性欲与攻击性。因此，难怪在成年生活中，这些被主体否认的自我部分，常常被投射出去的自我部分和可能导致症状的自我部分，都会与权力欲和性欲这两种相辅相成的驱力紧密相连，而权力欲和性欲是人在成为独立个体时的个性根源。

The Integrity
of
the Personality

第
8
章

认同与投射

现在我们已经同意，爱就是爱上一个人所缺乏的东西、不具有的东西。

——柏拉图[1]（Plato）

在上一章里，我尝试区分了两类认同。我们想象了一个婴儿，他起初完全没有意识到自身的独立；我们接着提出了一个假设，即人格发展起始于逐渐摆脱对父母的认同——一个新的、独特的人从母体中逐渐浮现出来。我们也得出了这样的结论：原始认同消失了，次级认同则会取而代之。出于安全的原因，属于父母和其他权威人士的特点会通过次级认同而内摄。因此我们会看到，孩子可能会展现出来一些不属于他的特质，而这些特质属于他所依赖的人。例如，一个内向的孩子，要是在以外向特质为主的家庭中长大，就可能表现得与他的本性不符，与他人接触更多，因为这个孩子采取了与他真实人格不同的行为模式。

对于成长中的孩子来说，父母必然会成为不够好的关系客体，其原因有三。第一，父母处于权威地位，他们必然会对孩子加以限制，从而让孩子又爱又恨。第二，孩子不可能与父母建立满意的性关系。第三，由于没有父母能具备完美的素质，他们可能会缺乏一些有助于激发孩子潜能的品质，因此孩子可能被迫从他人那里寻找他所需要的东西。这第三个原因需要进一步的解释。我们很难想象不是音乐家的莫扎特（Mozart），但我们可以假设他父亲利奥波德（Leopold）根本不懂音乐。如果是这样，小莫扎特的天赋还能如此迅速发展，还能在幼小的年纪就掌握娴熟的技能，为日后成就打下基础吗？莫扎特这样非凡的天赋，会让他克服相当大的阻碍，推动其自我的实现；而亨德尔（Handel）的例子证明了，即便是年迈易怒的医生也拗不过更有才华的儿子。然而，如果父母能具有一些相同的天赋或兴趣（也就是孩子身上寻求表达的天赋或兴趣），那么孩子的内在潜能无疑会实现得更快。

在发展过程中，孩子接触到的父母之外的人，都可能成为他在情感上很重视的人。最典型的例子就是教师。孩子喜爱的教师可以提供一个孩子能够认同的榜样，从而可能激发出孩子的潜能。这种认同常常会暂时超出合理的限度，而孩子可能满腔热情地学习老师的态度和特点，而在之后又将这些东西抛弃——就像对父母一样。但是有些东西通常会留存下来，孩子人格中的某些部分被激发了出来，并将在他的实际生活中继续发挥作用。

通过这种方式被激发出来的特质，往往是那些父母自身不具备的特质。因此，这些特质可能会隐藏起来，直到孩子遇到能够激发这些特质的人。这种积极认同表明我们应该提供最多样化的教育；应该让孩子去学校上学，接触各种各样的教职员工，而不是在家庭教师那里学习；大学应兼容并包，不要又偏又专。人的气质与遗传天赋是多样而迥异的，儿童和青少年能接触的人越多，就能越快地找到自我。也许我应该再强调一下，这种对教师和其他人的认同并不是有意识的效仿过程，而是建立在师生之间的情感联结之上，这种情感联结的产生是无意识的。

此时我想起了一个男孩，尽管他头脑聪慧，但整个学期都成绩垫底。在下一学期，他却名列前茅：仅仅是因为他们换了老师。这个男孩没有意识到自己的潜能，这在一定程度上是由于他父亲的态度。他父亲焦虑的期望态度使男孩产生了这样的信念：他做的每件事都没有意义，也很可能永远都不会有。因此，他非常需要一个人来给予他父亲不能为他提供的东西，也就是这样的一种感受：他的努力是有意义的，他能取得一定的成就。第一任教师没能向他传递这样的信息，而第二任教师做到了；这体现在这个男孩在班里的名次上。这种情况会使学生在一定程度上向教师认同。由于学生感到教师认可了他，他便会吸收一些教师身上的特点。但是，并非每个人都会经历这个过程，只有教师恰好在那个特定的时间满足了学生的主观需求，才会发生这样的事情。在这种情况下，学生很有可能暂时把教师看作"全好"的人，并且毫无保留地接受教师的态度与观点。时间会改变这种现象，未来的经历会揭示，这些被接纳的态度与观点中有多少真正属于学生自己的人格。

人在上述的那种认同产生之前，往往（甚至难免）会出现投射。我们已经讨论过一种熟悉的投射类型：我们会将那些不能接受的自身特征归于别人。然而，人们却通常没有认识到，有些更积极的品质也会被投射出去，而这种现象是发展的重要部分。

发展中的儿童常常为某类人着迷，也就是说，这些人对他有着强烈的情感影响。人会很自然地被那些与自己相似（以及他们认为与自己相似）的人吸引。上一章已经指出，我们喜欢接触那些我们能够认同的人。这是因为，找到与我们相似的人，能让我们在这世上获得团结感、安全感。但是，建立在投射机制上的强迫性吸引，远比我们与容易认同的人之间的联结强大。常用于描述这种吸引力的语言能够证明这一点。

人们常用"魔幻"式的语言来谈论我提到的这种现象。尽管它们已经成为习惯用语，失去了原本不可抗拒的意味，但我们仍然能在这些字眼中感觉到非理性的惊叹，而我们每个人心中都有这样的感受。当我们称一个人"迷人"（fascinating）、"醉人"（bewitching）、"魅人"（enchanting）的时候，我们可能会意识到，我们用的词原本是用来形容巫术和魔法的。每当美女令人"如痴如醉"，演说家仿佛对我们"施了咒语"——我们立即就能意识到，这种施加在我们身上的影响，建立在某些比理性更强大的东西之上。

在发展的过程中，孩子在情感上常会受到许多人的吸引，男女都有。这些人通常是教师和年长的孩子，因为孩子在家庭之外与这些人接触最多。对这些人的美化和理想化，是正常发展中很重要的一部分，却常被人视为理所当然；不过，孩子有时为什么会对某些看似平平无奇的人怀有那么深厚的感情，很少有父母不会对此感到奇怪。

我相信，事实通常会证明，这些人是孩子自身人格中未发展部分的缩影，他们之所以会如此吸引孩子，是因为他们唤起了孩子的主观反应。很有可能那些人格部分是潜在的、未发展的——只是一种潜能，因此可以说是无意识的；而个体其实意识到了这些人格部分，但在一开始以为这些部分属于他人，而不属于自己。人格就像一把有着很多琴弦的竖琴，并非所有琴弦都会被同时拨动，有的琴弦可能永远都不会发出声响，还有些琴弦可能会受频率相同的人格影响而振动起来。教师或年长的孩子有时会对小孩子产生非理性的吸引力，甚至让小孩子产生崇拜之情。我们也许能将这种吸引力解释为后者对前两者的投射。可以说，这个孩子仿佛"爱上"了自己的潜能。

"迷恋"或"激情"这样的心理现象经常受到低估，而在我看来，我们对于这些现象的解释不够合理。其中一种解释是，孩子只是在寻找替代性父母；另一种解释是，这只是每个人都会经历的同性恋阶段的体现（因为这种吸引力往往指向的是同性）。我认为，这种吸引力对心理发展十分重要，而且孩子正是通过这种情感依恋才发现了自身的人格，并更加意识到自己的能力与局限。

对年幼的孩子来说，每个成年人都是有吸引力的，只是因为成年人可以做一些孩子不能做的事。"长大"这件事本身就具有一种吸引力，每个小孩子都渴望自身能表现出这种特点。但是我在这里讨论的吸引力要强大、具体得多。例如，一个孩子仰慕的教师，经常能唤醒孩子在艺术或音乐方面的潜在欣赏能力或表演天赋。孩子对老师表现出的情感依恋，是将自身能力投射于老师的体现。在受到教师的激发以前，这种能力则会一直处于潜伏或未发现的状态。当这种投射产生时，孩子有两种可能的发展方向。正常、理想的发展方向是，孩子会摆脱向成年人投射的阶段，发展到向教师认同的阶段，进而开始以他为榜样。随着孩子逐渐掌握此前一直以为属于教师而非自己的能力，那种强烈的情感依恋就会消失。我们只会与那些"对我们有用"的人产生情感联结；一旦我们有了这种东西，这些人就不会再像原来那样吸引我们了。孩子"因长大而不再迷恋"曾经吸引他的人，是因为他自己已经能够发展出那些原先投射到对方身上的东西了。即便在长大成人以后，我们也往往会高估自己没有的技能；但我们不会钦佩其他人身上那些我们能轻易做到的事情。

另一个不太理想的发展方向则是，孩子停留在崇拜的态度里，他感到教师依然很出色，而他自己不可能达到那种高度。在这种情况下，认同并没有发生，投射也没有消退。

高估同性、贬低异性也许是发展的必要部分；原始社会的成人仪式（少年从男孩变成男人的仪式）中，女人通常是严禁参加的。[2]虽然这种仪式对于青春期女孩的排斥，主要是为了避免月经带来的所谓邪恶影响，但也可以作为一种例证，表明有人认为两性的隔离在某些发展阶段是有好处的。

E.M. 福斯特（E.M. Forster）[3]在他论述"犹太人意识"（Jew-consciousness）的文章中谈到，在上预备学校的时候，大家都认为有个姐妹是件羞耻的事情。

每个有姐妹的人，都自然会尽力隐藏这件事，不准她在颁奖仪式上与自己坐在一起，也不准她与自己说话，除非是顺便搭话，而且还得用非常正式的语气才行。

在他上的第二所学校里：

有姐妹没关系，但有妈妈是件丢人的事。许多人为了避免嫌疑，会做出咄咄逼人的样子，把母亲强加给软弱的人。只有一两个非常擅长运动，极受欢迎的人，才敢于做出英雄般的举动，光明正大承认自己的母亲，甚至敢于被人看见与母亲在操场上同行。

尽管在不同的时代、不同的地区，男性与女性气质的概念有很大的差异，但我们也许能肯定地说：没有一个时代、没有一个地区不存在这样的概念；每个孩子都应该在情感上深深地归属于自己天生的性别，并且觉得自己能与同性平等地竞争，这是孩子发展过程中至关重要的一部分。

The Integrity
of
the Personality

第 9 章

爱与人际关系

我欲逃离爱的病魔，却徒劳无功，因为我就是自己的热疫与苦痛。

——德赖登（Dryden）与
霍华德（Howard）[1]

如果孩子足够成熟，能够向成年人认同，那么对这些成年人的投射就会消退，孩子情感上的关注点就会转移到异性身上。不过正如所有心理过程一样，这个认同过程的发展脉络并不清晰，也不会发展到圆满的状态。许多人明显是在异性伴侣身上寻找父母的影子，但很难说这些人真正爱上了伴侣。研究他们的心理就必然会发现某些性幻想，这些性幻想与伴侣几乎毫无关系，反而包含某些他们认为不能与真实的人共存的性欲方面。对这种有意识的关系加以研究，人就能在一定程度上预测他人的幻想。

除了这种父母－孩子的关系以外，我们还能在两性之间观察到各种同性恋、异性恋的中间阶段。对于那些异性恋取向尚不稳定的人，研究他们的幻想相当有趣。如果能够系统研究那些心理素材，我们就能获得性欲发展过程的客观证据。因为，大众并没有意识到，这些幻想不仅是个人的，更是群体的；而且，这些幻想让我们看到了人类（而非某个具体的人）性欲的一般发展过程。

幻想成了色情文学作家的题材，而这些人的作用就是为那些还不能用正常方式找到爱的人提供慰藉。这种幻想也不仅限于下流杂志。有些惊险小说作者尽管备受评论家和公众的赞誉，但他们的作品不过是一系列这样的幻想，再穿插上一些补充素材，让人感觉像是连贯的故事。我们还没有将这些现象归类整理，还无法说明我提出的论点。我认为这些幻想不只是异常现象，而且是寻求正常发展的补偿性努力，可能是发展道路上的迟疑阶段，就像前面的例子一样。我举这些例子只是为了说明，通往性成熟的过程中有许多中间步骤。这些男孩所追寻的奇妙体验不在刚强的男性身上，而在温柔、细腻的女性——他先前所轻视的女性身上，至于他何时能意识到这一点，并没有确定的时间；而女孩可能也很难记得，从何时开始，她看到一个男孩就会心跳加速，而她可能昨天还对这个男孩感到不屑，认为他既粗鲁又吵闹。

在上一章里，我们注意到，在提到那些建立在投射基础上的强迫性吸引时，我们使用的是与魔法有关的语言；我们认为这种魔幻的属性是由主观要素的投射所引发的——这种主观要素就是未得到发展的人格部分。我认为，这种看法有助于我们理解并领会年轻人对同性的迷恋。这种观点是否同样适用于异性之间的恋爱呢？

在《会饮篇》（*The Symposium*）[2] 中，苏格拉底用独特的语言提出，人会爱上，或迷恋上他们自己可能缺乏的东西：

"*爱的本质是否决定了人必须爱上某件事物，还是说爱可*

以没有对象？我并不是想问'是否必须爱具体的母亲或父亲，这种感情才称得上是爱'。问爱是否就是爱父母，实在是荒谬至极——但我可以用类比来阐释我的观点。如果我以父亲这个概念为例，问'父亲是否就是指某个人的父亲'，那么你要是想给出正确的答案，就可能会答道，父亲就是指儿子或女儿的父亲，是不是？"

"当然了。"阿伽通说。

"母亲也是一样？"

"同意。"

"我们再举几个例子，以便把我的意思说清楚些。兄弟的概念，是否本来就是指某人的兄弟，对吗？"

"那当然了。"

"确切地说，指的是兄弟或姐妹的兄弟？"

"是的。"

"很好。现在请告诉我，爱是不是对某物的爱？或者说，如果没有爱的对象，爱还能存在吗？"

"很明显，爱就是对某物的爱。"

"那么请牢牢地记住这一点，"苏格拉底说，"也不要忘记，所爱之物才是那种爱的本质，不过你暂时可能不该到处宣扬这种观点。现在，请回答我，爱某件东西，就会渴望得到它，对吗？"

"当然了。"

"当一个人拥有所爱的东西时，他还会爱它、渴望得到它吗？还是说，他在没有这种东西的时候才会这样？"

"大概是在没有的时候才会。"

"如果你想一想，就会发现，人想要得到他缺乏的东西，更确切地说，人不会想要他不缺乏的东西。这不仅是大概，而是必然的事情。阿伽通，至少在我看来，这是确定无疑的事情。你怎么看？"

"没错，我想也是。"

"很好。会有高大的人希望自己变得高大，强壮的人希望自己变得强壮吗？"

"我的看法跟之前一样，这是不可能的。"

"因为拥有一种特质的人不会再需要这种特质？"

"是的。"

"假设有一个高大的人希望自己变得再高大些，或者一个腿脚利索的人希望自己跑得再快些。我再赘述这个问题，是为了避免犯错，因为有人可能会有这样的或类似的看法，即拥有某种品质或特质的人，也想得到他们拥有的特质。但如果想一想这件事，阿伽通，你就会明白，无论他们愿不愿意，这些人必定在当下拥有这些特质，而没有人会渴求必然的事情。这是不可能的，如果一个人说，'我很健康，很富有，可我依然渴望健康和财富，渴望得到我已经拥有的东西'。那我们应该说，'朋友，你已经有了健康、财富和强健的体魄，你真正想要的是在未来一直拥有这些东西，因为无论你是否愿意，你现在都已经拥有了这些'。既然这样，请想一想，当你说'我渴望得到我拥有的东西'时，真正想表达的意思是不是'我希望我在未来一直拥有我现在拥有的东西'？我想，如果我们这样理解他的意思，他也会同意的。"

"是的。"阿伽通说。

"但这是爱上了一种自己尚且没有能力获得，或者无法拥有的东西，那就是在未来继续拥有或保留此刻的好运。"

"正是。"

"因此，这样的人，以及其他拥有欲望的人，都会渴望得到当前没有能力获得，或无法拥有的东西，而他们渴求和爱的东西，则是他们当前没有的事物或特质，也就是他们缺乏的东西。"

"是的。"

"既然如此，"苏格拉底说，"我们总结一下已经达成的共识吧。首先，没有爱的对象，就没有爱；其次，这种对象必须是一个人此时缺乏的东西，对吗？"

就像可怜的阿伽通一样，我们对这些不依不饶的问题只能回答"是的"。但如果我们的假设是对的，也就是强迫性吸引建立在投射的基础上，那我们就需要给苏格拉底的论断增加一些内容。我们已经提出，爱的状态所独有的强迫性、魔幻特性，是由主观要素的投射所导致的。古希腊人深知这一点，在《会饮篇》中更有名的一段话里，阿里斯托芬（Aristophanes）为此提供了一种解释。

他回顾神话，谈到原本有三种性别——雌雄同体、男性与女性。这些雌雄同体的生灵的傲慢激怒了宙斯，他决定将他们分成两半。所以两种性别都是不完整的，不得不寻找能让自己重获圆满的伴侣。因此男性寻找男性，女性寻找女性，而被一分为二的雌雄同体者，则会寻找异性的伴侣。"爱，"阿里斯托芬说，"不过是渴望与寻求圆满的代名词。"

显然，公元前五世纪的古希腊人和我们一样，觉得需要为爱的强迫性和魔幻特性找到一种解释。他们也认识到了爱的主观要素，将其赋予人格，视为我们失去的另一半。通过找到一个爱人，男人就能发现自己的另一面，女人也是如此。希腊人承认并接纳同性恋，他们觉得要假设原本存在三类不同的人；而我们将男女同性恋看作异性恋之前的阶段，不过我们也意识到，许多人无法超越同性恋的发展阶段。古希腊人看重男性气质，而女性在他们的社会里地位相对较低。我们的价值观与他们不同，不过我们可能同意这样的理念：我们渴望与寻求圆满，坠入爱河的人不仅是在寻求性满足，也是在寻找自己的另一半。

似乎青少年一旦到了一定的阶段，开始以接近成年人的方式向同性认同，他们就会迷恋自身缺乏的东西——异性的属性。异性恋者在投射的基础上坠入爱河，是一件得到普遍接受的事情，不过我们可能不会用这种术语来说这件事。我们都知道，一个人在爱人的眼中，与在其他人的眼中是不一样的；爱上一个人，就会高估对方，并对他形成一种失真的看法。对于我们来说，一个女孩也许普普通通，但对于爱上她的人来说，她"就像夜色一般迷人，走在美丽的光彩里"。

对于我们来说，一个男人看似平平无奇，对于爱上他的人来说，他则是一个浪漫的英雄。美主要存在于观者的眼中，这是必然的现象。爱人的意象是主观需求的表达，而不是真实的写照。但这种主观需求是什么，这种异性的意象又从何而来？

很明显，性本能会自行寻找满足的方式，如果性本能受阻或缺乏性的客体，则会导致想象客体的产生。但是在我看来，爱这种体验，仅用对性满足的需求来解释是不够的，因为两个并不相爱的人也可能（甚至经常）获得这样的满足。如果我们要坚持先前的观点，即与爱有关的非理性、魔幻特性都是由主观要素的投射导致的，那么我们就不得不承认这样的假设：我们所有人在某种程度上都是雌雄同体的——或者更确切地说，所有能够爱上异性的人都是如此。这是因为，显然没有一种体验比爱情更奇妙，也没有一种体验像爱情一样，如此深受主观因素的影响。在这种迷恋状态下，恋爱中的人似乎把与爱人的结合当作圆满的存在形式。仿佛没有任何其他人能满足他们的需求，没有任何其他人能像他们一样幸运。如果没有对方，他们自己就是不完整的。主观要素的投射是很明显的。

顺便一提，有一种很有趣的现象：在精神分裂性精神病发病的时候，患者常会相信自己的性别正在发生改变。我已经谈到，对自身性别的认同是发展的重要部分。而且人格中有意识的成分——自我，是具有性别认同的。在急性精神分裂症者身上，"自我"不再处于领导地位，仿佛被无意识淹没了；患者则任由情绪摆布，而不能控制情绪。患者时常会通过害怕性别的改变，来表达这种被淹没的恐惧；仿佛自我认同的是生理上的、真实的性别，而无意识认同的是另一种性别。

在生理上存在异常的雌雄同体者是很罕见的，这是一种医学上的特例。但是偶尔有些雌雄同体者却会选择，或被人鼓励去"改变性别"。也就是说，去采用与他（她）从小至今的性别完全相反的行为举止。新闻报道了这样的现象，这表明对于变性的情感关注是一种集体现象，而不是个别现象，也在一定程度上证明了人类具有基本的雌雄两面性。

爱人之间的共同投射似乎表明他们在寻求圆满，寻找完整的状态，即意识与无意识的结合。对男人来说，女人是他所属的特定文化中所有女性气质的人格化体现；对女人来说，男人则是男性气质的体现。他们投射到彼此身上的意象，体现了两性在心理、生理上的不同属性。即便心理属性会随着时间和地点而改变，也不能否定这种观点。关于何谓男性、女性气质，蒙杜古马人（Mundugumor）[3]与阿拉佩什人（Arapesh）可能有不同的看法，但两性之间的差异不仅限于生理结构，这在每种文化中都是常见的观点。男性与女性气质的表现形式可能不同，但这些表现形式是一直存在的。

当然，异性的吸引力主导了异性关系，导致异性间以性作为给予和接纳爱的主要途径。但如果我们的观点是正确的，那么达成"性器至上"、成为自身性别群体中的成年成员就不是发展的全部目标。再进一步的阶段就是异性投射的消退，在这个阶段里，"坠入爱河"已不复存在，取而代之的是"爱"，投射已经被关系所取代了。

这并不是在否认两性会一直需要彼此，仅仅是两性间的生理差异就决定了这一点。但是我们必须认识到，强迫性的消失（投射的消退）是一个发展阶段，此时人已经超越了被那种感受所摆布的阶段。坠入爱河的感觉很美妙，而且在回顾往事时，伴随着这种美妙而来的痛苦却常常被人遗忘。无论这种感觉有多美妙，能够去爱一个人，而不用失真的眼光看待对方（投射异性意象必然会导致失真）依然是一种进步。

如果一个男人被困在荒岛上，与他作伴的只有一个女性同伴，那么他的主观需求就很有可能为这个同伴赋予更多的魅力；而在正常情况下，这名同伴可能不会如此迷人。只有当我们不再强迫性地需要一个人的时候，我们才能与这个人建立真正的关系。我们中没有人是绝对完整的，我们对彼此的需求不会完全消失，因此我们对彼此的失真看法也不会完全褪去；但是，如果我们有幸找到一个好伴侣，如果我们的关系是不断进步的，而不是一种停滞不前的"成就"，那么我们就有可能接近一种发展阶段：双方都能满足彼此的需求，也都能将彼此看作完整的人。从前两个相爱的人只能填补彼此心中的缺陷，而现在是两个完整的人，作为独立的个体面对彼此。

这个发展阶段还有另外一个标志，就是竞争性的减少。竞争性是有些年轻人的典型特征，因为他们对自己的男性或女性身份不够确信。心理治疗常常花费很多时间探索这种不确信，并试图减轻人们的强迫性的努力——男人觉得必须证明自己比其他男人更强，或者女人必须证明自己比其他女人更好。对青少年来说，世界上满是充满男性气质的男人，或者富有女性气质的女人，让人难以效仿。但是，随着一个人与异性建立真正的关系，这种认可自身性别的强烈需求就消失了，他也能够与自我建立真正的关系了——这种自我既不全是男性，也不全是女性，而是男性与女性的混合体。

美满的婚姻也许代表了理想的人际关系，在这种情况下，伴侣双方都能承认对方的需求，也能自由地按照自己的天性行事。在这样的关系里，本能与理性都能得到表达，付出与索取是对等的，双方都能接纳彼此，"我"与"你"能坦诚相对。

The Integrity
of
the Personality

第
10
章

心
理
治
疗
过
程

唯有将形骸与激情联结起来，两者才能升华，人类之爱才能登上顶峰。不要再生活在浑噩的分裂中了。唯有联结，"野兽"与"僧侣"才会失去他们赖以存在的孤独感，并随之消失。

——E. M. 福斯特[1]

本书的开篇谈到了我的观察结论，即心理治疗的结果似乎并不取决于治疗师所属的学派，也不取决于他采用的方法（不过关于方法，有一种重要的保留意见，我稍后会谈到）。事实上，有些研究者考察了各种精神分析技术，发现即使同属于一个学派，治疗师的工作方式也有很大的不同。他们不仅在观点方面有差异，在许多较小（但同样重要）的方面也各有不同。例如，在患者前来治疗的频率，他是躺在沙发上还是端坐在椅子上，进行解释的时机，治疗师的活跃度等方面都有差异。无论技术的理论构想多么有价值，治疗师在实践中的操作肯定有各种不同。对于相对正式的精神分析学派的研究，都发现存在这样的差异，那么对于其他的、较不正式的心理治疗学派的研究，肯定会发现更大的个别差异。因此，我们就更难坚称心理治疗取决于所用的技术了。

当然，也可以说，心理治疗根本没有效果，某些患者在治疗后的康复纯属巧合。神经症症状的严重程度不一，许多人的症状会自动消失，因此有人认为心理治疗是不必要的，在康复的患者之中，接受与不接受心理治疗的人数是一样的。

近年来，对于心理治疗最恶毒的攻击，来自一名没有医学资质的心理学教授，他从来没有和患者一起做过临床工作；也许我们能够接受他对心理治疗效果缺乏科学证据的谴责，但对于一个没有治疗神经症经验的人，一个从不觉得自己有义务尝试帮助内心煎熬的人类同胞的人（即便没有明确证据表明这样的帮助是有效的），我们可能有理由怀疑他所提出的观点。

我必然对心理治疗持有支持的偏见，我相信心理治疗对于许多神经症患者和一些精神病患者是有效的。但即便我们能够证明心理治疗是无效的（证明其无效与证明其有效一样困难），我们作为医生，以及更重要的是作为人，依然会以尝试照料内心煎熬的人为己任，而这必然会使我们尝试与这样的人建立某种关系。因此，即使我们不相信心理治疗是有效的，我们也一定会义无反顾地投入心理治疗工作。因为在我看来，两个人试图与彼此建立关系，就是心理治疗的基本组成部分。我所概述的人类发展观念，建立在一个基本的假设之上，它源于心理治疗实践：人格的发展与客体关系的发展，归根结底是同一过程的不同方面；在谈论人格的时候，将人格作为人际关系之外独立存在的东西，是毫无意义的。

我在为心理治疗的效果寻找解释的时候，不得不得出这样的结论：基本的共同作用因素是患者与治疗师之间的关系。尽管治疗的方法与理论天差地别，但每种治疗情境都至少包含两个人：治疗师和患者。而且，尽管在团体心理治疗中，团体成员之间的关系可能比治疗师与患者之间的关系更重要，但这与我的假设并不矛盾。因为在团体治疗中，团体成员充当了彼此的治疗师，因为他们在一个治愈性的环境里，为彼此提供了建立新关系的可能性——这也是个体心理治疗情境的显著特征。

谈到这里，我觉得有必要阐明我在本章开篇时提到的、与心理治疗方法有关的保留意见。我认为，以劝导、暗示和催眠为主要方法的心理治疗，和以分析为主的心理治疗之间存在相当大的不同。即使所受的训练、持有的信念差异很大，精神分析师在这个问题上的看法也是一致的：暗示与催眠是低层次的治疗。即使他们承认这些方法在心理治疗中有一席之地，他们也会一致认为，暗示与分析的目标相悖。那些使用分析方法和主要依靠暗示的心理治疗师，在实际操作与人格方面有着很大的差异，这种差异建立在不同的基本目标之上，也许用一个简单的例子就能说明这一点。

假设有一个催眠师暗示患者，说患者会变得更独立，更能自主做出决定、更自信。如果患者对这些暗示做出了积极的反应，可能就会显得治疗取得了满意的结果。但是我们可以合理地质疑，这种新生的独立建立在什么基础之上。如果一个人变得更独立，仅仅是因为另一个人告诉他应该这样，那么就很难说他是否真的想独立，更难说他这种外表上的独立能否持续下去。能够按照别人的指示去做事，并不能证明一个人在朝着成熟的方向发展。治疗师处于主导地位，患者就相应地处于顺从地位。正是这种地位差异使人怀疑所有基于暗示的心理治疗技术。因为处于主导地位的人不会将对方视为一个完整的人，最终会妨碍处于非主导地位的人的发展，阻碍他成为一个自立的、完整的人。

这并不是在否认暗示在分析性的心理治疗中起到了一定的作用。暗示必然是有作用的。即便是最客观、最中立、最不带感情色彩的分析师也难免会通过语调、强调、措辞的变化来影响患者，即便是相对不带感情色彩的事物，比如患者看到的房间，也会产生影响。

但是，就对待患者的态度而言，刻意使用催眠和暗示的心理治疗师与精神分析师截然不同。我认为，前者不太鼓励个体的发展。荣格说，人只会对自己在私下里同意的暗示做出积极的反应。这表明，尽管精神分析治疗中存在暗示，它们却并不重要。但是精神分析师与催眠师的态度差异是很重要的。像催眠这样的治疗方法，建立在医生的权威地位之上，必然会把患者放在低人一等的位置上。这种方法可能会暂时奏效，但归根结底无法鼓励患者独立地发展为独特的个体。因为这种方法建立在患者接受医生的建议之上，这必然会阻止他与医生建立平等的关系。

然而，分析的方法总是不断要求患者解决自己的问题，不要求他同意医生的看法或采纳医生的理念。分析师的作用是澄清问题，而不是提供现成的解决方法；他们避免说教也是为了鼓励患者的独立。

古罗马皇帝马可·奥略留（Marcus Aurelius）为儿子康茂德（Commodus）找到了最好的老师，但在这些贤人的热心期望下，却诞生了最残暴的皇帝。查斯特菲尔德勋爵（Lord Chesterfield）在书信中对儿子进行了深入细致的谆谆教诲，我们至今都能看到相关记录，但其子斯坦诺普（Stanhope）却不为所动，依然醉心于自己的书籍，不顾父亲希望他在世界权力与时尚领域内取得成功的殷切期盼。精神分析师应避免在心理治疗中说教，正如父亲最好不要试图指导自己的儿子。因为在这两种情况下，虽然他们的教导充满善意，但依然欠缺考虑。他们的教育对象有可能愤怒地反抗，并说道："你凭什么教我该怎样生活？"对于这个中肯的问题，却没有令人满意的答案。

我在前面谈到过，精神分析治疗的有效性取决于分析师与患者之间的关系。我认为这是理念与实践方法均不同的多种精神分析学派背后的共同要素。这个假设还能进一步推论：患者能够和治疗师建立的关系有多成熟，患者的康复就有多彻底。如果我的观点是对的，即神经症症状不仅表现了个体内部的不和谐，也表现了他的人际关系未能发展成熟；如果这两种现象是一体两面的，那么症状的逐渐消失，必然伴随着患者与治疗师的关系逐渐成熟。在最理想的情况下，这种关系会发展到双方都把彼此当作平等的、完整的人。没有人比我更清楚，这种治疗结果并非总能达到的，但我希望知道自己应该朝什么方向努力，即便我有多次并未达成目标。

所有精神分析的心理病理学流派，以及某些非精神分析的学派（比如那些关注学习理论的学派）似乎都认同，神经症和精神病与发展受到的干扰密切相关。弗洛伊德学派强调童年早期的情感困扰；克莱因学派将生命最初的几周或几个月内的困境视为理论的出发点；即便荣格强调心理当下的不和谐，以及患者的心理素材可能暗示未来的情况，他也指出，神经症是由人格的片面发展所导致的，可以追溯到童年伊始的严重缺陷。

在前面的章节，我们讨论过，人们会解离和排斥那些他们觉得陌生的人格部分。我们当时得出的结论是，无论是对是错，只要孩子觉得自己某方面与父母不一致，就会排斥自己的这些方面；而且由于孩子没有准备好独立于自己的父母，所以他会改变自己的人格，以符合他想象中的父母的要求。换言之，我们认为，由于孩子没有得到父母的接纳，或至少没有感觉自己被父母接纳，并被视为一个完整的人，所以无法将自己视为一个完整的人，于是解离了自己的部分人格。这种不接纳（在一定程度上是不可避免的）导致孩子只倾向于认同自身可能被父母所认可的部分，排斥可能不被父母认可的部分。有人提出，正是这些被排斥的人格部分（主要是攻击性与性冲动）导致了未来的症状。

我认为，人格解离的总体问题只能通过与另一个人的关系发展来治愈。在这样的关系里，患者逐渐感觉自己被接纳，被视为一个完整的人，因此也能逐渐接纳自己，将自己视为完整的人。在心理治疗过程之初，治疗师必然会或多或少地担任患者父母的角色。神经症是一种不成熟或幼稚，而且患者是在向治疗师求助，这两种原因都必定会将治疗师放在权威的位置上。不过，治疗师希望随着治疗的推进，他能逐渐从这个位置上走下来。我们已经谈到，一个好父母，要能够给予孩子慈爱的接纳，鼓励他发展和分化为独立个体，并且不要求他遵从既有的模式。心理治疗师也应该持有这样的态度。荣格将这种态度称为"没有偏见的客观"（unprejudiced objectivity）。我认为，如果一个治疗师能够持有这种客观之爱的态度，那么他从属于哪种学派、坚持哪种信念或理论就都不重要了。如果他拥有这种态度，那么他就是在用心理治疗的形式，满足了患者也许是最重要的需求：提供成长的环境。我已经提出，所有人都在寻求自我实现——人格之花的全面绽放；而只有在满意的人际关系所提供的肥沃土壤上才能开出这样的花朵。治疗师能在多大程度上提供这种土壤，可能决定了他的治疗是成功还是失败。

如果我的假设是对的，也就是患者所追寻的最重要的东西，就是这种让他感到完整的、自己得到接纳的环境，那么我们就有必要思考，为什么他需要心理治疗师来提供这个环境。世界上有许多人都很乐于助人，也有很多人愿意花费时间和精力来处理自己的问题。此外，在做精神分析治疗的同时，患者也常会与治疗师之外的人建立关系，而这个人给他提供的帮助丝毫不亚于治疗师，甚至更多。有些治疗师不鼓励这样的关系，他们的理由是，这种关系会干扰移情；但一般来说，如果能够减轻情感孤立，任何关系都应予以鼓励，只要不是那种可能会让患者无法自拔的关系。对于患者朋友所提供的帮助，心理治疗师常会感到有些担忧，这不是因为他们希望让治疗环境保持封闭，而是因为他们担心那位朋友可能会落入陷阱，试图主导患者的生活，而不是帮助他更好地独立。

尽管治疗师训练有素，对自己的人格进行了大量分析，想要不对患者横加干涉依然很难，朋友要做到这一点更是难上加难。之所以要向治疗师寻求帮助，而不向朋友求助，是因为前者更不容易让自己的主观因素与患者纠缠在一起，从而更能够提供患者需要的东西。此外，心理治疗师经常接触到这样的患者：他们的朋友早就放弃与他们建立亲密的关系了，因为朋友发现要做到这一点实在是太难了。正是那些最需要与人接触的人，发现自己根本无法接触他人，因为对他人的恐惧让他们不敢接近任何人；而熟人也会打消与他们亲近的念头，因为这些人要么会拒绝他人，要么会远离他人。也许，治疗那些最为内向、精神分裂的患者，让心理治疗师感到最为困难，也最有意义，因为治疗这些人需要他使出浑身解数。对于简单的焦虑案例，只要人们心怀善意，并且有时间给予善意，都能帮助他们；但要帮助真正孤立的人，就需要专业的方法和理解，这些只能通过专业训练获得。

　　与治疗师建立关系，才能治愈患者内部的解离，接纳先前无法接纳的东西，整合曾经不能承认的东西。不过，喜欢寻根究底的人可能会说，人类本性中肯定有些令人厌恶的方面，我们人人都有这些可怖的方面，我们肯定无法接纳或整合这些部分。许多人对大量严重的心理病理现象（隐藏在我们内心深处的谋杀、乱伦、变态幻想）感到毛骨悚然。精神分析可能把这些东西带入意识之中。尽管对事情的领悟能给我们带来启发，却不能消除这些幻想；而从理性的角度理解这些幻想的婴儿期起源，也不一定能加快我们成熟的进程。我们唯一能做的，难道不是承认并面对我们心中原始的方面，然后坚决地关上心门，不让这些方面得到进一步的表达吗？

　　然而，如果我们目前提出的假设是对的，那么只有当心理中的那些恐怖、原始的部分与人的整体没有关联（因此与其他人也没有关联）的时候，才会一直维持恐怖、原始的状态。只有当魔鬼与他的起源（神明）相背离的时候，他才会维持魔鬼的形态。攻击性幻想是童年早期的典型特征。对于那些连苍蝇也不会伤害的善人来说，如果这些幻想在成年时期依然活跃，就会给他们造成极大的困扰。这种幻想之所以一直存在，是因为那个人也一直停留在幼稚的状态里，从来不能运用他的攻击性能量。如果他没有在发展早期阶段否认这种能量，这种能量就能为他所用。

世界上有许多这样的人，他们因暴力的强迫性思维感到困扰，或者害怕看到或读到有关暴力的东西——这种恐惧大大限制了他们在我们的社会中能够享受的娱乐形式。事实通常表明，在日常的人际关系中，这些人太过顺从、易于让步、唯唯诺诺。他们的攻击性能量被封锁在了他们的症状里，而这些能量应该在生活中找到表达的方式。如果他们能够允许这样的表达，这些能量将有助于他们形成更加成熟的态度。患者在现实中越顺从，他在梦境和幻想中的攻击性就越强；他越是能够建立平等的成熟关系，那些幼稚的、病态的、不被接纳的攻击性部分就越可能消失。最终治愈患者的，是他与其他人、与自己建立的新型关系；在人格的解离较为严重的情况下，只有在心理治疗师的帮助下才能得到这样的治愈。患者与心理治疗师的关系会不断改变，并形成一座桥梁，让他能够与治疗情境之外的人建立更加成熟的联结，也正是这种变化的关系构成了移情。

The Integrity
of
the Personality

第
11
章

移情与反移情

对立才是真正的友谊。

——威廉·布莱克

（William Blake）[1]

尽管已经有过无数相关的阐释，但移情这个话题依然充满争议。在精神分析治疗中，大概没有任何一个方面像移情这样，人们对它的怀疑如此之多，理解如此之少。移情既是自然的，也是必然发生的。无论在治疗情境之内还是之外，都会发生移情。移情不是刻意的，即使可以人为制造移情，但这种做法是不可取的——无论是公众、医生，甚至没有受过精神分析训练的精神科医生，都对这种行为感到不齿。大众认为，精神分析会让你爱上分析师，而治疗的成功就取决于这一点。这种观念可谓根深蒂固。鉴于这种看法，难怪大众对于精神分析过程感到怀疑。谁会故意选择让自己处于这样的境地——充满威胁，随时可能受到剥削，还极有可能陷入爱上陌生人的痛苦，而且由于这种情境的要求，这个人根本无法回馈你的感情。不可否认，在精神分析治疗中，像爱与恨这样强烈的情感常常（但并不总是如此）会集中在治疗师身上。但是，如果能充分理解移情现象的本质，我们就能明白，这些感受的产生是自然且不可避免的现象，是患者的主观状态，而不是治疗师的操纵。不过，要是能免于处理这种棘手的现象，治疗师的确会谢天谢地。

　　大家通常都知道，移情是一种投射。我们要感谢弗洛伊德最初提出的、具有启发性的理念：将父母的形象投射到治疗师的身上。起初，像这样被投射出去的形象主要是父母，这并不奇怪。因为，正如上一章所说，患者和治疗师之间的关系，与孩子和父母的关系在情感上是相近的，至少在患者所求助的问题上是如此。不过，只要对患者具有重要的情感意义，任何人的意象都有可能出现。在面对不理解的困难时，我们每个人都是孩子。尽管一个患者可能是成年人，在许多方面都很成熟，但他的情绪问题会暴露出隐藏在他成人外表之下的孩子。此外，可以肯定的是，我们与陌生人的关系会受到我们过往关系的影响。我们见到的人不可能是全新的，不可能完全不受先前经历的偏见的影响，尤其是在我们要向此人求助的情况下。对于一个刚结识的人，我们常会发现，随着对他的了解加深，我们对他的看法也会改变。这不仅是因为我们发现了更多有关他的信息，也是因为我们纠正了对他的印象——这种印象是我们想象出来的，在一定程度上歪曲了真相。也许在理想情况下，我们接触陌生人时不应先入为主，但在实际情况下，我们对这个人的印象很复杂，既混杂了我们过去的人际体验，也在一定程度上来源于我们未来对于他人的需求与希望。

　　在治疗情境下，患者越孤立，困扰越严重，他就越有可能将"父母"的要素投射到治疗师身上。迄今为止，我们都假定神经症是一种内在的不和谐状态，反映了人际关系的障碍；而这种障碍最终可以追溯到亲子关系中的问题。我也许应该再强调一下，这并不是要为孩子发展中的所有问题指责父母，事实没这么简单；而是说不同人格之间极度复杂的互动始终是相对的，而非绝对的。例如，患者可能会抱怨自己的父亲对自己限制过多、暴虐不仁，而他父亲的表现可能也会证实这一点。因为这名患者从没有试图反抗过父亲，所以几乎不可能从任何其他的角度来看待父亲。在任何人际情境中，双方都是有对有错的。然而，亲子关系的问题越严重，孩子就越难以意识到自己的潜能，建立满意的客体关系；而他也越容易被困在这样的发展阶段里：他会将每一个求助对象都当作父母。

与其他动物相比，人类发展中最突出的一个特征就是不成熟的时期非常漫长；也许正是因为如此，人类才容易患上神经症，同时也有可能取得最大的成就。在多年的时间里，孩子都会认为自己是脆弱的，成年人是强大的；而情感不成熟的成年人有一个特征，那就是认为自己相对较弱，而客体相对较强。

如果一个人认为自己相对较弱、无助，他就可能对其他人有两种截然相反的反应。他可能依赖他人为自己提供帮助和保护，也可能回避他人，将他人视为有威胁的支配者、管制者。成长中的孩子通常会清晰地表现出这两种态度。在受伤或害怕的时候，他会跑向母亲，寻求帮助和安慰；但如果母亲对他保护过度，或是过于专横，威胁到了他的独立，他就会做出回避或愤怒的反应。孩子既需要客体，也害怕受到客体的支配：这是亲子关系具有矛盾性质的一个基本原因。

在移情的情况下，这种相互转化的态度会原封不动地重现。虽然在每个患者身上都能发现这两种态度，但通常会有一种占主导地位。经验丰富的心理治疗师很清楚，有两类极端的患者尤为棘手。一类患者总是试图接近治疗师，不顾一切地靠近治疗师，似乎在精神分析中投入了强烈的情感；另一类患者总是试图远离治疗师，尽量避免与治疗师建立个人关系，似乎对自己的治疗漠不关心。前者表现得好像治疗师随时可能抛弃他，而后者表现得好像治疗师始终在威胁他的独立性。

我认为，这两种相反的态度不过是一种对立现象。这种对立在多种类型的精神障碍中都可以见到，也会伪装成各种形式，许多采用不同工作方法的精神科医生都对这些形式相当熟悉。前一种态度是较为外向人格的特征，后者则属于较为内向的人格。对于这两种对立的人格类型，目前最详尽的叙述出自荣格的《心理类型》。我在这里不是要概括或总结荣格的作品，而是要根据我的理解来审视这种对立——我认为这两种类型的差异，在于对待客体的基本态度的不同，例如在移情时出现的现象。我认为从这个角度出发，能够阐明客体关系发展的一般规律。荣格更关注正常现象，而非神经症的心理规律；而在我试图阐明的对立问题中，我尤其关注对于客体的幼稚态度的延续。换言之，我关注的是病理现象。

为了强调这一点，我会将那种较外向的态度称为抑郁型，将较内向的态度称为分裂样（schizoid）。从本质上讲，两者都是基于恐惧的消极态度，但两种恐惧类型不同。

我认为害怕被客体抛弃是某些人格类型的特征，这些类型可能被冠以"外向""癔症""循环型"⊖"躁郁"等称呼。相反，害怕被客体支配则是"内向型""强迫型""分裂样""精神分裂型"的特征。在之前的章节里，我提出人需要成为完整的人，与彼此建立平等的关系，才能实现自身全部的潜能；我也提出，如果关系中的一个人向另一个人认同，并与之融合，以至于不能维持自身的独立，那就无法建立平等的关系。在移情的情况下，由于治疗师起初地位更高，所以他不太可能与患者融合；但患者自己的身份认同却有可能被治疗师的身份认同吞没，而这就是分裂样的患者所惧怕的情况。要维持人格的完整就需要与他人具有人际关系，这些人际关系在本质上应该是平等的。

由于害怕被客体支配、压垮，分裂样的人会远离任何亲密的关系，并表现出疏离、优越的表象，给人留下他们不需要他人，也不怎么关心他人的印象。对于分裂样的人来说，要他们付出和接受情感都很困难，因为与他人建立情感联结似乎会让他们受人摆布，因此始终充满危险。费尔贝恩对分裂样的性格进行了绝妙的论述，他写道，分裂样的人之所以

⊖　循环型（cycloid），即情绪起伏不定，见于"循环型人格障碍"。——译者注

无法表达情感，是因为他们相信自己的爱对他人来说是坏的，甚至是有害的。他对这个问题另一方面（可以用"偏执"来形容）的描写，给我留下了更加深刻的印象：分裂样的人害怕一旦表现出情感，就会导致自己的人格受到侵犯或支配。我完全同意荣格和费尔贝恩的观点：内向的分裂样的人将自己的内在世界看得十分重要，因此他们倾向于轻视客体的价值。这就是为什么分裂样的人往往给人的第一印象不太好，因为我们都希望受到重视，面对一个拒绝满足我们这种需求的人，会让我们感到不安。

我有一种想法，但还没有得到证实：如果分裂样的人患上恐怖症，更有可能患上的是幽闭恐怖症，而非广场恐怖症，这与他害怕和反感限制的倾向是一致的。在治疗过程中，治疗师很容易低估这类患者的进展，他有时可能会惊讶地从患者的亲友那里听说，患者有了多么大的改善。在消极移情中，他们会将父母的意象投射到治疗师身上，而他们投射出来的父母意象是这样的：这些父母总是会支配孩子、压制孩子，最终还会毁掉孩子。患者的进步取决于他们能在多大程度上停止这种投射。分裂样患者所面临的主要危险，就是他与他人之间的隔阂太深，导致他的个体发展难以为继。

由于害怕遭到抛弃，所以抑郁型的人会不顾一切地接近他人。这种人最害怕的就是孤身一人，因此他们很容易与他人产生情感纠葛，经常对他人过度认同。他们的主要困难是难以对身边的人表现出任何攻击性，因为他们总是要安抚他人，以免遭到抛弃（我已经指出，要维持人格的独立性，就需要一定程度的攻击性）。抑郁型的人容易过度重视客体，对自身却过于轻视，这可能导致他们感到自己毫无价值，因而严重抑郁。（应该再复述一下我们经常观察到的这种临床现象：抑郁发作的患者在康复时，会对照料他的人产生攻击性。）

由于过度重视客体，抑郁型的人往往会留下不错的第一印象。如果他们患有恐怖症，他们可能更容易患上广场恐怖症而不是幽闭恐怖症，因为他们害怕单独一人待在空旷的空间里，而不那么害怕被拘禁、被束缚、被限制。在治疗过程中，治疗师容易高估这类患者的进步，因为患者总是急于取悦他们。在患者的消极移情中，他们会将父母的意象投射到治疗师身上，而他们投射出来的父母意象是这样的：这些父母总是不支持他们，总是消失，总是抛弃他们。患者的进步取决于他们能在多大程度上停止这种投射。抑郁型患者所面临的主要危险是人格的丧失，因为依赖会导致他们向客体过度认同，进而失去独立性。

我们可以观察到，分裂样患者害怕被人压制，于是倾向于孤立；而抑郁型患者害怕孤立，于是可能会被人压制。

这些对待客体的基本态度会体现在患者与治疗师的关系里；在治疗的初始阶段，这种关系必然会重现他与父母关系中的某些方面。我们已经提出过这样的假设：如果一个人的早期关系是完美的，那么他就会按照理想的方式发展，因此就不会前来接受治疗。所以，这些对治疗师的移情性投射基本上都是消极的。换言之，患者的父母必然是"坏"的，至少对他而言是相对较坏的，否则他就不会成为患者了。而且，由于患者必然受到过去的影响，他也必然会将这样的父母意象投射到治疗师身上。

随着治疗的推进，我们希望通过反复的情感体验，让患者能逐渐意识到，他能够与父母角色建立良好的关系——在这样的关系里，他真正的自我能得到接纳，他也不会受到上述危险的侵扰。只要能与分析师建立起这样的新关系，他就能停止消极地投射父母意象；而且只有通过这个过程，患者才能接纳真实的自己。正如费尔贝恩[2]所说：

> 正是通过患者与精神分析师之间的关系，心理治疗才能起到"疗愈"和"拯救"的效果。更具体地说，长程精神分析治疗的"疗愈"与"拯救"过程，要借助患者与精神分析师的关系发展，要经历一个阶段，让早期病态的人际关系在移情的影响下重现，并发展为一种新型的关系。这种新关系既能让人满意，也能适应外在的现实环境。

患者逐渐发现治疗师能够真心接纳自己的真实面貌，使他能够停止消极的移情，并将治疗师看作"好"父母，而非"坏"父母。可能有人会认为，这样一来，患者依然停留在不成熟的状态，因为在理论上，他与治疗师的关系依然是孩子与父母的关系。在实际情况下，正是"良好"亲子关系的缺乏，才导致患者人格的解离，成为他的神经症发展的基础。我们通常会发现，患者并不会停留在依赖的位置上。随着他与治疗师的新关系向前发展，他也会向成熟迈进。这种关系中的"亲子"意味会逐渐减少，这与我们之前提出的观点是一致的：从本质上讲，好父母是能够鼓励并容忍分离的父母。

综上所述，我们也许可以得出这样的结论：整个治疗过程就是患者停止对治疗师消极投射的过程。如果投射持续下去，就无法进行治疗。因为这样一来，治疗就只是对过去的重复，患者没有理由继续待在这样的情境里。患者也会将"好"父母的积极意象投射到治疗师身上，似乎这些意象有两种来源。其一，我们可以肯定地说，没有全"坏"的父母，无论患者的早期经历多么不正常，他可能依然保有一些印象，知道拥有接纳自己的好父母是什么感觉，尽管他的有意回忆可能会否认这一点。其二，荣格认为心理能够自我调节，他很可能是对的。因此人类有一种倾向，会想象并寻找自身发展中缺乏的东西，就像缺乏盐分的动物会长途跋涉，寻找自然沉淀的盐分来舔舐。

我曾经参观一家孤儿院的经历，实际地证明了这种观点。这家孤儿院中的大部分孩子都不记得自己的母亲，也不知道母亲是谁。尽管如此，我却听说，所有的孩子都有想象中的母亲，这些母亲都建立在孩子丰富的幻想之上。对于早期关系非常糟糕或缺失早期关系的患者，我们经常发现他们会执意寻找缺失的父母，他们可能会把这种父母的意象投射到许多不同的人身上，包括治疗师。我认为这是心理的补偿性活动，是为了弥补自身的缺陷。这类投射与我们已经谈过的、青春期前经常出现的现象相似：此时的孩子为了自身发展的需求，会寻找并理想化地看待一些人。

患者在多大程度上认为自己是弱小的，认为治疗师是强大的，是衡量患者不成熟程度的一个指标；他在多大程度上将治疗师看作全"好"或全"坏"的，则是另一个指标。

为精神病患者做过分析治疗的人，会发现这类患者所表现出的移情最为强烈（与弗洛伊德最初的料想不同），而且这种移情非常不稳定，因为治疗师在他们心中的形象可能会迅速发生匪夷所思的变化。所有的移情关系都必然是矛盾的，正如亲子关系一样；但是对于最严重的患者来说，他们建立的移情会有一种特点，即可能会在极端的好坏之间发生突然的转变，因此有时他们把治疗师奉若神明，有时又把治疗师看作恶魔。

这种矛盾的意象一方面反映了患者的希望，在另一方面又反映了他的恐惧。这种矛盾显然源于童年早期：只要父母满足孩子的愿望，他就是"好"的；只要父母让孩子感到沮丧，他就是"坏"的。当患者认为治疗师"坏"的时候，往往会中断治疗，或威胁要自杀，后来却会要求增加治疗的次数，并断言他必须增加见治疗师的频率。这类移情表明患者的发展没有脱离原始的、婴儿期的依赖阶段——正如我之前尝试说明的那样，此时人们会完全从主观视角看待他人，完全不会把他人看作独立、自立的个体。处于这个阶段的患者可能需要额外的帮助，远离日常生活的困扰，住院就能满足这些需求。

这些患者投射到治疗师身上的意象非常原始。正如我在前面所谈到的那样，这些意象更像是善与恶的人格化体现，而不是真实的人。没有任何人的母亲能像圣母一样明智、善解人意、慈爱；也没有任何女人能像迦梨女神一样睚眦必报、难以满足、破坏性强。这种善良与邪恶的母亲意象有许多种形态，我们在世界各地都能找到。荣格正是根据这种现象提出了他的原型理论。精神分析强调婴儿是无助的，必然对客体持有自我中心的看法。因此，精神分析观点认为，这些原始的意象源自婴儿期真实的致病性体验，并成了婴儿心理中的"内在客体"。然而，分析心理学认为这些意象是原型，是婴儿对于母亲的深层、正常体验，并且认为只有在成年后继续投射这种意象才是病态的。

一个人认为这些现象是婴儿早期事件的结果，还是认为这是人类心理先天特征的表达，在我看来都无关紧要，至少在心理治疗实践中不重要。重要的是，要认识到这些意象的投射意味着治疗师与投射者没有建立真正的关系。真实的人既不是神明也不是恶魔，而人类也没有"善"或"恶"这种字眼所说的那样极端。只有当我们与一个人没有真正联结的时候，我们才会全心全意地对他们进行投射。

正如那些集体现象源自苦难与社会解体，患者在移情中的表现也说明了他极度孤立，以及与他人缺乏成年人间的联结。

然而治疗关系并不只是投射，它也是两个人在此时此地的关系。完全建立在投射基础上的关系是精神病的症状，因此根本不是关系。我也不同意下面这种流行的观点：治疗师只是一面空白的屏幕，供患者将他的幻想投射于其上。常常有人质疑（尤其是从来不相信任何人的患者，以及受人帮助就会感到威胁的患者），患者与治疗师的关系是否真实，或者治疗师对患者的关心是否真的出于治疗的目的。就我的经验来看，我认为治疗师对患者的真诚关心，是治疗的最佳基础。我认为，用客观的方式关心一个人既是可能的，也是可取的，这完全不同于与他人产生主观的情感纠葛。如果治疗师产生了这样的情感纠葛，无论是向患者投射还是认同，都可以说他产生了反移情。

如果一个孩子要顺利地成长为自立的个体，他的父母就不应该出于自身的目的而过度关注孩子。向孩子认同、要求孩子尽量变得像自己一样，这样的父母其实只是在用自恋的方式爱自己，而不是爱孩子。要求孩子超越自己、比自己更好的父母，是在向孩子投射自己未能实现的潜能。他们让孩子替代自己而活，而没有将孩子视为独立的个体。归根结底，建立在投射与认同之上的爱只是对自己的爱，而不是促进成长与分化的爱。如果想让孩子幸福成长，父母就需要用客观的方式去爱孩子；如果患者要发展成熟，心理治疗师也应该对患者持有相似的态度。换言之，心理治疗师需要摆脱反移情。

反移情的基本特点是，患者以一种主观而非客观的方式，在情感上变得对治疗师很重要。我已经表达过我的看法，即治疗师需要真诚地关心患者。我们都有自己的局限，没有人能喜欢或关心每一个前来治疗的患者。就长程心理治疗而言，经过一段试验期通常就能看出是否存在无法克服的不匹配。心理治疗师必须能够关心他们的患者，但关心一个人和与之产生情感纠葛截然不同。反移情有哪些表现形式呢？

也许治疗师最常遇见的困难就是向患者认同。如果患者与治疗师气质相近，或者与治疗师有同样的情绪问题，这种现象最容易发生。一旦出现这种情况，患者就无法与治疗师建立真正的关系；尽管治疗师对患者怀有强烈的恻隐之心，但他必然无法与患者保持足够的分化。没有分化，患者就不能找到独立的自我。借由认同建立起来的联结，是一种共同无意识的联结——在这样的互动中，两个人只是在相互反映、相互支持，但不可能发展，因为没有足够的分化让两者意识到自己独立的身份认同。

治疗师面对的第二种困难，就是他可能会将自身某些未实现的部分投射到患者身上。这样一来，他可能就会急于让患者实现他自身未能做到的事情。大多数人，包括心理治疗师，都有未实现的潜能；他们也可能会觉得，要是（这是最糟糕的用语）人生轨迹稍有不同，他们可能就会成为不同的人，或者会在某个自己未曾选择的领域取得更大的成功。心理治疗师很容易沉迷于患者人格中的某些方面，这些方面其实是治疗师自身人格中未曾实现的部分。因此，治疗师可能试图将患者引向歧途，去探索治疗师自己的人格，而不是患者的人格。

大多数心理治疗师都很清楚爱上患者的危险，但他们有时依然会犯这种错误。这种不幸的事情对治疗过程有着致命的打击。鉴于治疗关系的性质，治疗师与患者之间发生性关系必然是乱伦，必然会影响患者的人格发展，正如我们已经指出的亲子乱伦的危害一样。

更难以觉察的危险是，心理治疗师会利用患者来增强自己的自尊，将患者作为他吹嘘甚至支配的对象。如果治疗师别有用心，他可能会利用患者作为某个理论的证据，鼓励患者产生有吸引力的心理病理素材，供他用于写作论文和书籍。有的心理治疗师可能是某个理论的狂热分子，想要患者采信某种哲学或信念系统，进而为他灌输思想，而不鼓励他找到自己的方向，构建自己的生活哲学。我们在下一章会讨论这种可能性。

然而，心理治疗师应该意识到自己的基本信念，并做好阐释这些信念的准备。因为一个人的信念必然会影响他对其他人的言行和态度，即使心理治疗师从来没有明确表达过自己的信念，这些信念依然有可能影响患者。此外，可能在某个阶段，治疗师必须澄清自己的信念，使患者达到进一步的分化。人不可能与一个谜团分化。尽管我相信，治疗师几乎需要时刻处于治疗的"背景"里，但我也承认，有时治疗师可能必须更多地表露自我，以便让患者取得更大的进步。

The Integrity
of
the Personality

第
12
章

心理治疗与思想灌输

教导很少奏效，除非在无须教导
的理想情况之下。

——爱德华·吉本 [1]

前文已经谈到过，精神分析治疗的效果取决于治疗师与患者关系的发展，治疗的成功与这种关系的成熟度是相对应的。我们已经提出了成熟关系的定义，也就是关系中的双方既不会顺从，也不会支配对方，而是都将对方视为自立的、完整的人，接纳并尊重彼此的不同。如果这个假设是正确的，那么治疗成功与否就不取决于患者是否接纳治疗师的信念，而取决于患者能否达到这样的发展阶段：他能够自主做出决定，形成自己的信念。

这并不是说，治疗师自己不该拥有信念——这也是不可能的事情。那样一来，他就会成为虚无的存在，没有人能与他建立关系。治疗师应该有自己的观点，也应该尽量意识到自己的观点，这其实是很重要的。因为只有这样，他才能拥有独立的人格，患者才能与他建立关系。

但是，就算治疗师持有某种观点，也不意味着他要将这种看待生活的方式灌输给患者，治疗才能取得成功。如果患者在结束治疗之后只会复述心理治疗师的观点，这其实是治疗失败的标志。心理治疗如果是成功的，就会更加鼓励人们成为独立的个体，顺应自身的倾向，找到自己的生活方式。说教、教条式的灌输完全（或应该）不符合任何精神分析治疗的精神。

尽管如此，有些精神科医生仍然将分析过程比作皈依宗教的体验，认为精神分析应有的效果取决于为患者灌输一系列教条，而这些教条恰好出自这些医生所属的精神分析学派。换言之，他们认为治疗成功的患者是某种宗教的皈依者，而治疗师必须是一个狂热的信徒，立志传道，一心要为患者灌输自己的教条。

精神分析治疗真的是一种较为人道的洗脑吗？通过让患者进入治疗关系，我们是否实际上剥夺了他们的个性，将自己的想法强加于他们，让他们"入教"？灌输者会试图强迫（如果必要，还会使用武力）对方接受某种教条，改变他的生活方式。无论心理治疗师的用意多么善良，他们是否也走上了同样的道路，用较为温和的手段，达到了灌输者试图用强制说服达到的目的——皈依？如果是这样的话，我们不如放弃精神分析吧。让人们继续承受神经症的痛苦，也肯定好过像这样干涉他们的自由。

很明显，无论治疗师怎样努力保持客观中立，他都难免会影响患者。即使他小心避免使用直接的暗示，但无论他多么努力不将自己的人格强加于他人，他对生活的态度、他的为人都会传达给患者。尽管大众以为分析师能完全客观地解释行为，是一面空白的屏幕，供患者将过去的人物意象投射于其上，然而这种表象在现实中却难以持续下去。在会面的时候，患者与治疗师之间也存在着真实的人际关系；如果没有相互的影响，人与人之间就没有真正的关系。

与精神分析治疗不同，思想灌输不是相互影响，而是一个人对另一个人的完全支配。思想灌输的理念假定存在一个掌握"真理"的权威人士，以及一个或多或少误入歧途的人。后者就像普洛克路斯忒斯（Procrustes）[○]的受害者一样，被迫服从僵化的教条，而这种教条很可能不适合他。思想灌输是训导、强迫、专制，与个体人格发展背道而驰。正如我之前所说，人格发展是精神分析治疗的目标。

虽然我不认为心理治疗过程取决于（或应包括）思想灌输，但有些对分析方法一无所知的人提出这种观点也是情有可原的。因为某些分析师和患者的行为的确会让人产生这种想法。我已经在本书之前的章节中承认心理治疗师有建立圈内组织的倾向，并谴责了这种倾向。的确有些分析师很像皈依宗教的信徒，他们的生活完全服务于信仰，完全容不下任何其他活动。这些分析师无法与其他观念不同的人有效沟通；坚持要自己的孩子从很小的时候就接受精神分析；永远在他的某个同事那里"接受分析"；每天花费十小时以上的时间治

　⊖　古希腊神话中的一个强盗，强迫高个的路人躺在短床上，砍掉他们伸
　　　出来的腿；并且强迫矮个的路人躺在长床上，强行拉长他们的身躯，
　　　使之与床平齐。——译者注

151

疗患者，却找不出比参加精神分析研讨会更有意思的方式来打发夜晚的时间。

这样的行为可能让人以为，所有从事精神分析治疗的人都是狂热分子，一心要强迫患者接受他们教条的观念。尽管如此，就我所知，没有证据能支持这种假设：患者在接受治疗之后必然会采纳治疗师或他所属学派的特定观念——哪怕治疗他们的是最狂热的治疗师。在心理治疗师之中，的确有结社的倾向，但这种组织的数量和种类众多，组织内外也常有分歧，这表明心理治疗师的教条不像某些宗教和政治派别的教条，会原封不动地代代相传。各种精神分析学派内部存在许多分裂的组织，也许这恰恰说明了分析过程不会产生统一，而会产生信念的多元化。心理治疗证明而非推翻了"有多少人，就有多少观点"这句话。对于不同组织的分析师来说，他们的共识不在于理论假设，而在于对待个体的态度。

不仅某些治疗师的行为会让人们怀疑精神分析是思想灌输的过程，有些患者也可能给人以接受过思想灌输的印象，不过这种接受是暂时的。在上一章我指出有两种极端的患者，区别在于他们对治疗师的态度：第一类患者的基本恐惧是对被抛弃感到恐惧，第二类患者最害怕的是被人压制。可能所有人在不同程度上都有这两种恐惧，不过一种恐惧可能（通常）比另一种更明显。这些恐惧的存在与我之前提出的假设是相符的：理想的人格发展需要个体与他人建立关系，但这些关系需要允许他确立自己的独特性。

　　一般而言，外向的患者与他人的接触不少，尽管这些关系可能相当肤浅，但至少让他们免于彻底的孤立。这些人让容易向治疗师认同，进而在一段时间内接受治疗师的观点，但他们生活中还有其他在情感上较为重要的人，这些人会减弱认同的影响，让他们更容易摆脱这种积极移情。内向的患者是孤立的，但通常来说并不依赖他人，因此他们通常不会向治疗师过度认同，或者全盘接受治疗师的信念。

　　但是，有少数患者会明显地表现出既极度孤立，又极度依赖他人的这两种特征。由于孤立，他们觉得治疗师是唯一重要的人。与此同时，依赖又使得他们向治疗师认同，把治疗师说的每句话都当成金科玉律。有时他们会在两种状态间转换：他们既可能害怕治疗师会抛弃他们，因此尽可能地接近治疗师，又可能害怕受到治疗师的伤害，因此尽可能地远离治疗师。这类患者似乎从未能与父母（甚至与任何人）建立任何安全的关系。在一段时间内，治疗对他们而言似乎是最重要的，正如婴儿在降生之初，与母亲的关系至关重要一样。

　　对于这一小部分的患者来说，他们与分析师的观点形成了认同。从这个角度来讲，他们可能的确暂时接受了思想灌输，就像年幼的孩子起初接受父母的标准，采纳父母的信念一样。但是，如果治疗进展顺利，这个阶段就会过去，因为患者会拓展和深化他与其他人的关系，不再害怕与治疗师分化，就像有安全感的孩子越来越不害怕与父母分化。并非所有这样的患者都能治愈，有些人可能会不断寻找早期发展中缺失的东西。我认为，由于不能与他人建立真正的关系，这类人可能会死守荣格、弗洛伊德的理论或其他任何心理学理论，仿佛那是不变的信仰一样，从而让人觉得分析过程就是思想灌输（因为正是他们一个劲儿地谈论精神分析）。

可能受到思想灌输而转变观念的少部分人，与前文中描述的患者有很大的相似之处。他们都表现出了极度的孤立和极度的依赖。要弄清这一点，我们还需要进一步的研究，但这两类人肯定有一个共同特征——在过去的生活中缺少强烈的情感依恋。

对于每一个珍视个人自由的人来说，知道以下这一点肯定会感到宽慰：尽管一个人可能暂时屈服，被迫说谎，或者受到蒙蔽，无法分清真与假，但如果回到正常的环境，他几乎肯定能够恢复自己的判断，重新找回自我，再次拥有形成自己的判断、选择自己生活的自由。对思想灌输的文献研究促使我们认识到，人类心理的坚强与复原能力比我们原先设想的更加不可思议；想到这种心理韧性，我们对于恐怖行径的忧虑也减轻了。

接受过精神分析治疗的人很可能充满了自由的人文精神——比如，心理治疗会隐含"个体很重要"的思想，或者

"爱胜于恨"的信念。但是，似乎只有很少一部分患者会成为忠诚的"弗洛伊德信徒""荣格信徒"或"克莱因信徒"，我们必须将这样的人视为治疗的失败。思想转变肯定是心理学中的有趣话题，但作为一种治疗方法，它对于心理治疗师而言却毫无可取之处。事实上，全然接纳某种先前不可接受的信条，必然会让一个人产生怀疑。扭转一个人的基本原则会使他产生一定的不稳定性，我们永远不能确定，这个人会不会回到原先的状态。正是那些狂热、教条的人最容易改变他们的忠诚，正如那些在移情中表现出强烈情感的人，最容易改变治疗师在他们心目中的印象。

教条与狂热是人格内在不和谐的表现，是一种危险的调整的表现。这完全不同于一个人平和地接纳自身与他人信念的状态，而这种接纳才是他与自身和谐相处的特征。成熟的人应该了解自己的心灵，知晓自己的信念；他越是实现自己的人格潜能，他往往就越不会陷入偏执。

The Integrity
of
the Personality

第
13
章

人格的完整

世界上最伟大的事情，就是知道
如何做真实的自己。

——蒙田（Montaigne）[1]

我相信，尽管每个人都与同胞有许多相似之处，但他们都有与生俱来的独特人格。正如所有生命都会成长、发展，最终成为他们的先天构造使他们注定成为的样子，人也会受到一些力量的驱使（这些力量可能在很大程度上是无意识的），去表达自己的独特性，去做自己，去实现自己的人格。似乎可以确定的是，最终导致人格差异的原因是遗传变异。尽管遗传的内容和方式依然不明，但人类的差异太多，无法仅用环境因素来解释。

我之前已经提出，人类的不成熟期远比其他动物长，因此人类才可能创造文明。因为漫长的不成熟期意味着人有持续的可塑性和更强的学习能力。人类的大脑让人具有复杂的心理结构。人能在一定程度上摆脱本能的支配，全靠这种复杂性。尽管人类的大体行为模式都已经固定了，而且无法摆脱生物学天赋的限制，但人类不像其他动物那样，严格地受到本能模式的束缚。所有人都具有相同的基础原型心理主题，但个体在这些主题上的差异似乎是无穷无尽的。鸟类或昆虫受到了本能的严格限制，本能会迫使它们完全按照相同的方式去做相同的事情。相对简单的神经系统使它们做出刻板的行为，所以同一种类的鸟和昆虫基本上难以区分彼此的不同。人类则不同，尽管拥有相同的基本本能，但由于复杂性，这些本能的表达方式却是多样的、间接的、微妙的；我们将人类表现出来的彼此分化称为人格。尽管从种群的角度来看，变异的可能性是无穷的，但个体受限于遗传。没有人能断言一个婴儿会成为什么样的人，但他体内正发生着一个神秘的过程，这个过程会让这个孩子成长为自己，成为一个新的、独特的个体。

但是，由于儿童处于不成熟状态的时期较长，这意味有多年他既脆弱又无助，因此容易受到影响。他最需要的是客观的爱带来的安全感，这种爱是无条件的，是接纳他真实面貌的爱。这种爱使他能够成为自己，发展出完整的个性。如果他能明确地获得这种爱，也许就能毫无障碍地发展，其成熟的人格也能显现出来，没有冲突和歪曲。但也许没有如此幸运的孩子，无论父母多么慈爱，无论他自身的本性多么强韧，他都会稍稍偏离自己真正的道路。心理结构的复杂性让孩子可能出现解离和退行，而无助使他必然服从权威，于是产生了这样一种情况，使他人格中的某些部分得不到表达，而他也会成为不完整的自己（并且可能一直如此）。"没有人的力比多发展能一帆风顺"，在一定程度上，我们都患有神经症，都不是完整的自己。

与"正常"人这种神秘的生物比起来，那些神经症足够严重，专门寻求或需要心理治疗的人，只有量的差异，没有质的分别；人人都有饱受内心冲突折磨、产生神经症症状的时候。神经症就是心理内部的冲突，这是一种主观状态，以主观症状的形式表现出来，除了患者本人，没有人会意识到这种症状。严重的神经症并不会妨碍一个人取得世俗意义上的成功；事实上，如果没有强迫性的权力欲（大多数精神科医生都会认为这种权力欲是病态的），人很可能无法取得某些成功。神经症与智力之间并无关联，与实际的能力也无关系。世界上有许多无能的人都没有神经症，而许多神经症患者却才华出众。只要审视神经症患者的人际关系，我们就会发现他们是不成熟的，他们没能超越一种幼稚的执念：自己不如他人，或者自己比他人更强。他们无法去爱，也无法接受爱；完整的人之间的关系，是他们无法拥有的，因为这种关系是内在整合的外在体现。

"神经症患者就是那些真实行为受阻的人。"[2] 换言之，这些人的人格没能完整地呈现出来；从本质上讲，神经症症状产生的原因，就是试图显现的真实个性与阻止个性显现的恐惧之间的冲突。没有孩子的发展是完全理想的；但是，如果一切相对顺利，孩子在长大之后会逐渐发现并接纳自己的天性。随着他的安全感逐渐增加，逐渐意识到自身的力量，他就能摆脱对父母的认同，消除那些与自身内在天性不符的心理特征（这些心理特征是从父母那里内摄而来的）。通过向其他人的投射与认同，孩子能逐渐发掘隐藏的潜能，发现自己的人格，修正由于不成熟而被迫采取的错误路线，回到自己的人生道路上来。人能在多大程度上完成这种自我实现，决定了他在成年生活中神经症的严重程度。

我们知道，如果要顺利地发展，所有孩子都需要我所说的那种客观的爱，但对于遗传与环境的复杂交互作用，我们的了解还远远不够。这种交互作用决定了个体在实现自身人格的过程中会遭遇多少困难。尽管有克雷奇默和谢尔登等人的工作，尽管有荣格的类型学说，以及遗传学家的研究，我们依旧没有衡量人类先天差异的可靠标准，也不清楚如何预知和控制导致不同先天气质的不同条件。尽管父母和孩子可能性情差异很大，但只要他们之间能有接纳差异的爱，那么在孩子发展的过程中，大多数情感上的困境就都能解决；那些在家中未能显现或受到否认的人格部分，也会被他在家庭之外建立的人际关系激发出来。然而，如果孩子的情感困扰足够严重，使他难以建立新的依恋关系，就会导致神经症不会随着年龄的增长而消失，并一直持续下去。

在这种情况下，心理治疗师也许就能发挥作用了。如果他训练有素，应该能比常人接纳更多不同的人格，并与这些人建立联结。此外，由于他选择从事心理治疗，所以尝试和那些无法建立关系或无法继续发展的人建立关系，就变成了可以接受，甚至令人兴奋的事情。我们无法预测一个人能在通往成熟的道路上走多远，但如果心理治疗师能与自身和谐相处，他就至少能提供一种情绪安全感，作为背景环境，使患者继续发展成为可能。我认为，这是心理治疗师的基本作用。相比之下，他采用的技术、持有的观点可能就不重要了。他对待患者的态度，以及他与患者之间的关系才是至关重要的。

人能否像蒙田所说的那样做真实的自己；能否知道他是谁，面对天赋对自己的要求，既不做得更少，也不强求更多？荣格[3]说："人格是生命内在气质的终极实现。这是傲视人生的英勇壮举，是对个体所有特质的绝对肯定，是对普遍生存条件最成功的适应，也带来了自我决定的最大自由。"这些话说得很漂亮，但这是否只是漂亮话而已？人能否真的达到统一、完整的境界；还是说我们只是在玩弄空虚的辞藻、虚幻的理念，只是让自己心潮澎湃，而对我们的行为没有丝毫影响？我不相信有任何人能达到内心完全和谐的境界，但最接近这种状态的人都有某些共同特征。荣格[4]说："没有确定性、完整性、成熟性，就没有人格；也许还要在那些特征里加上一致性、摆脱强迫性的自由，以及人际关系的成熟。公私生活天差地别的人，很难说达成了整合；而成熟要求人格在不同环境下都保持清晰的一致性。"伴随着神经症的权力欲和性欲而来的强迫感，以及被陌生力量驱使的感觉，都会在一个人能够发挥出自己的力量和表达自己的性欲时消失。一个人要做到最好，就要摆脱做得"更好"的强迫心态；要在成熟的关系里付出和接受爱，就要摆脱强迫性的性欲。

我们既有局限，又是自由的。我们永远无法摆脱自己的本能，也因此必须找到表达本能的方式；当我们认清自己的局限时，我们就能获得最大的自由。如果我们不强求超越自己的本能倾向，也不会受到本能的支配。人格实现的特征就是人际关系的成熟，这是本书的基本主题。如果一个人对同伴十分疏远，或极度依赖，就不能说他达到了一个人应有的高度。但是，无论我们的观察多么细致，都无法从外在的角度理解内在体验的本质。我已经努力试图说明神经症是一种主观状态，尽管我们可能通过一个人的某些行为方面来推测其内在的困扰，但只有他自己才能知道冲突使他分裂到了何种程度。同样地，做真实的自我，真实面对自己的天性，与自身天性和谐共处的感觉，归根结底也是一种主观体验；尽管我们可能以为自己能分辨出一个人是否达到了这种境界，但其实只有这个人才知道自身的真相。

在本章开篇，我提到了一种预先存在的、独立于意识的组织结构，这种结构存在于孩子的内心，会努力显现出来；成年之后，它最终会成为成熟的人格。我们似乎无法绕开这个工作假说，因为意识显然无法理解完整的人。我们永远无法完全了解自我，这是人生境遇的一部分，因为我们既是观察者，也是观察对象。因此，我们必然永远都有自己无法监控的部分。无论我们有多强的洞察力，都无法看见完整的自我，也无法意识到我们存在的整体。因此，个体走向成熟的向导不可能只是意识；如果真是这样，那就太令人惊讶了，因为其他生物也能成长、发展，过完自己的一生，却没有证据表明它们拥有人类所说的意识。

做真实的自己的感觉、内心平静的主观感觉，与神经症是完全对立的。事实上，还伴随着另一种感觉：有一种高于自我的东西，这种东西似乎在引导个体发展的方向，而我们应当对它予以关注。如果"个性健全""忠于自身的法则""真实面对自己"这种话不是空洞的口号，那我们就必然会认定人格的整体比我们所认同的自我更大。因为如果一个人既可以真实地面对自己，也可以虚伪地面对自己，那么这个自己就不可能等同于那个发挥执行功能的他，那个拥有上述别称的他。读过荣格的作品，我们就能明白他所说的"自性"是高于自我的，代表了个体的总和，而不仅是人有意识的自己。

那些不熟悉这个概念的人，或者一开始不认同这种概念的人，只要想想我们经常在其他情境下运用这些理念，可能就更愿意接受了。像小说或交响乐这样的艺术作品，如果质量够高，人们就经常说它具有内在的连贯性和必然性。我们会感觉到，只有这句话或这一乐句能衔接在此处；只有这个事件才能出现在这个特定的时刻；这部作品只能以这种方式结束。似乎有一种组织结构或内在框架模式以某种方式囊括了这部作品的整体，并且高于作品中单独的语句。在一定程度上，正是这种"整体大于部分之和"的感觉让我们对好的作品肃然起敬。各种各样的艺术家（其实也有科学家）用多种方式为我们描述了创作的过程，他们的描述充分证明了，艺术家往往不知道自己的作品最后会是什么样子，并且可能惊讶地发现，作品开头就明确给出了结局的暗示。

然而，如果承认这种假设适用于我们对于人类心理的看法，我们肯定会招致最严厉的批评。在历史上，认为自己是替某种伟大力量行事的人比比皆是，也有许多人为自己最恶劣的行为辩解，将责任推卸给上帝或命运，或者宣称他们受到某些杰出人士的引导或激励。阿道司·赫胥黎[5]在他的杰出文章《理由》（*Justification*）中告诉我们，瑞士再洗礼派教徒托马斯·舒克（Thomas Schucker）认为他受到了神明的指示，于是在众目睽睽之下用剑砍下了兄弟的头颅。托马斯·舒克是真实地面对了自己，遵循了自身发展预先定下的道路，还是说他只是将婴儿期的幻想付诸行动了？他本人坚持前一种观点，而我们大多数人都倾向于后者。但是这个极端的例子提出了一个令人关注的问题。如果我们承认这个假设，即存在着一个能够真实面对的自己，那我们会不会产生错觉，无法将成熟的、整合的个体与精神病患者区分开来？

我们再次发现了人格发展两极之间有着不同寻常的联系，我在之前的章节里也提到过这一点。从某种意义上讲，婴儿是完整的，因为他是以自我为中心的、孤立的，他就是自己，不多也不少。"最接近'道'的存在就是婴儿。"[6]但是婴儿所有的自发性都建立在这样的事实之上：他唯一的人际关系是完全依赖他人的关系。在最原始的阶段里，这根本不是关系，因为他并不能区分其他人，不能将他们看作独立的客体，而是将他们看作主体的一部分。这种对待客体的态度也是精神病患者的特点，我们可以认为他们在情感上仍然处于婴儿期。如果我们不去关注他们的信念，而去关注他们的客体关系，就不难从理论上理解像托马斯·舒克这样的人了。

在序言中我提出，妄想的特点不在于它是真实还是虚假的，而在于其情绪的强度：妄想是一座需要严防他人进攻的堡垒，而不是可以与人讨论的假设。许多通情达理的人持有的某些信念，在其他通情达理的人看来可能不过是幻想；但是，只要他们不认为真理只在自己一人的掌握之中，其他所有人都是错的，那他们就毫无疑问是理智的。安东尼·特罗洛普（Anthony Trollope）[7] 写过一部小说，讲的是一个男人的妄想，他将这部小说命名为《他知道他是对的》（*He Knew He Was Right*）。这个书名恰当地强调了偏执狂的基本特点。知道自己是对的，就是忽视其他人的信念，不把他人看作独立的人，不认为他们有权利拥有自己的看法。托马斯·舒克知道自己是对的，但我们可能会怀疑，如果他的兄弟知道自己会发生什么事，是否还会跟他意见一致。宽容的怀疑态度、质疑自己及他人观点的能力是成熟的试金石：幻想、疯狂与对待他人的幼稚态度之间是紧密相连的。

在可实现的范围内，自我实现表现为最大限度地发挥个体的潜能，以及与他人建立成熟的关系。从主观上讲，自我实现似乎伴随着一种顺应自身发展过程的感觉，而不是试图完全控制自身的发展。后者是宗教（荣格所说的宽泛意义上的宗教）的态度，因为这种态度意味着个体承认他最终依赖的是内部或外部力量，不过这些力量都不是由他创造出来的。"宗教"这个词通常会让那些仍持有过时观念的人感到担忧，因为宗教与科学之间存在着某种基本的矛盾。但如果这些人意识到，要理解这些现象，不一定非得假定神明存在于人的心理之中，主导着发展的进程，也许他们会感到更加安心。莎士比亚 [8] 可能会说："有一种神性塑造了我们的目标，按照我们的意志雕刻出大致的命运。"现代心理治疗师可能更愿意使用控制论的术语。

从生理学的角度来看，人体是极为复杂的结构，在最终死亡之前，它能够自我调节。没有任何自动化工厂或计算机器能在复杂性和精密性上与人体媲美，因为人体的内部环境总是保持不变，让每个细胞都能以最佳的效率工作。诺伯特·维纳（Norbert Wiener）[9] 在他的著作《控制论》（*Cybernetics*）中列举了许多这种自我调节机制的例子。体温的控制、心率与血压的调节、血液中的氢离子浓度和钙质维持在合理水平，这些只是其中的几个例子。这些自我调节机制是通过负反馈运作的。也就是说，一旦内部环境发生某种变化，身体就会启动一些生理过程，促使内部环境发生相反的变化。因此，体温升高就会触发一系列变化，让体温再度回落；血液中的碱性上升就会导致一些反应，促使身体排除碱性物质，保留酸性物质，进而将酸碱度维持在很小的范围之内。实际情况永远在理想的均衡状态（两极之间的均值）周围浮动。人体始终在追求这种体内平衡，但永远无法达到，或者即使暂时达到，也会立刻再次失去平衡，因为内外环境始终在改变。可以说，人体"知道"什么对自己最好，但这种知识不在我们的意识范围之内，而人体会自动寻求体内平衡的目标，不受意识自我的有意控制。

可能心理也有类似的构造，也许心理会自动寻求它的平衡。我们得感谢荣格提出了这个重要的假设：心理能自我调节。他认为在许多情况下，梦、其他无意识的表现形式，以及自发的心理活动，都是心理在尝试纠正自身的错误——这个假设必然暗示存在一种"正确"的状态，而我们有可能偏离这种状态。在心理治疗实践中，这个理论在解释和理解临床素材方面有着重要的价值；我们也能举出许多例子，说明梦境、幻想和神经症症状如何抵消和纠正某种片面的、有意识的态度。那些为临床心理学偏离学术精神而感到遗憾的人，可能会高兴地发现，无意识的补偿功能是一种可以验证的假设，这已经是实验研究的主题了。[10]

我曾假设每个人都有独特的人格，并且人格会努力寻求自身的实现。"心理就像人体一样会自我调节"的假设支持了这一理念：人有可能发现自己的人格，并且做真实的自己。正如过度偏离生理平衡会导致不适、疾病和死亡，尝试去做一个虚假的自己，或者没能成为真正的自己，也会导致内心冲突、神经症与情感孤立。

　　我认为人格的发展是一个自然的过程。在理想的情况下，这个发展会按照自己的方向，取得自己的结果。但是，由于这个过程也始终依赖于人际关系，因此很容易受到干扰。只有孩子体验过客观的爱，他长大之后才会拥有爱的能力；而人格要全面地发展，就需要成年后的爱与被爱的环境。在界定心理治疗实践所依赖的基本要素时，我发现自己不断地回到这一信念上来：人格要完整，人际关系要真实。真相有许多方面，而遗传的局限使我们每个人都只能看到真相的很小一部分。所有人能尽的最大努力，就是忠实地对待他能看到的那部分真相。每个人对真相都有自己的解读，如果能意识到这一点，我们之间的差异可能就会让我们更加紧密地联系在一起：人要是能够建立最深刻的人际关系，他就毫无疑问是真实的自己。

The Integrity of the Personality　致　谢

　　我要向下列作者和出版商致以谢意，感谢他们允许我引用其作品。

　　感谢 E. M. Forster 先生与 Edward Arnold Ltd 允许我引用 *Howards End* 与 *Two Cheers for Democracy* 中的段落。

　　感谢 A. W. Heim 博士与 Methuen & Co. 允许我摘录 *The Appraisal of Intelligence*。

　　感谢 W. Ronald D. Fairbairn 博士与 Tavistock Publications Ltd 允许我引用 *Psycho-Analytic Studies of the Personality* 中的段落；感谢 Fairbairn 博士允许我摘录他在 *British Journal of Medical Psychology* 中发表的论文。

　　感谢 Leonard Woolf 先生允许我引用 Virginia Woolf 所著 *The Common Reader* 中的文章 The Patron and the Crocus。

　　感谢 Messrs Chatto and Windus 出版社允许我引用 Aldous Huxley 所著 *Proper Studies* 中的一句话，以及 C. K. Scott Moncrieff 翻译的 Marcel Proust 著作 *Remembrance of Things Past* 中的两处

摘录。

感谢 Hogarth Press 出版社允许我摘录 Sigmund Freud 所著 的 *Outline of Psycho-Analysis* 与 *New Introductory Lectures on Psycho-Analysis*。

感谢 Hutchinson Group 允许我引用 W. Heisenberg 所著 *The Physicist's Conception of Nature* 中的段落。

感谢 Cassell & Co. 允许我节选 Mayer-Gross、Slater 与 Roth 所著的 *Clinical Psychiatry*。

感谢 Cambridge University Press 的 Syndics 允许我摘录 A. S. Eddington 所著的 *The Nature of the Physical World*，以及 A. N. Whitehead 所著的 *Science and the Modern World*。

感谢 J. M. Dent and Sons 允许我摘录 Joseph Conrad 所著的 *Nostromo*。

感谢 Routledge & Kegan Paul 允许我引用 Erich Fromm 所著 的 *The Fear of Freedom*、C. G. Jung 与 W. Pauli 所著 的 *The Interpretation of Nature and the Psyche*，以及 C. G. Jung 的下列著作：*Psychological Types*、*Two Essays on Analytical Psychology*、*Modern Man in Search of a Soul*、*The Undiscovered Self* 和 *The Development of Personality*。

感谢 Penguin Books Ltd. 允许我摘录 W. Hamilton 翻译的 Plato 著作 *Symposium*，并引用 John Bowlby 所著的 *Child Care and the Growth of Love*。

感谢 Macmillan & Co. 允许我引用 Aldous Huxley 所著 *T. H. Huxley as a Literary Man* 中 T. H. Huxley 说的一段话，以及 B. H. Streeter 所著的 *Reality* 中的一句话。

感谢 George Allen and Unwin Ltd. 允许我引用 Sigmund

Freud 所著的 *Introductory Lectures on Psycho-Analysis*，摘录 Arthur Waley 的译介作品 *The Way and Its Power*，以及引用 Bertrand Russell 所著的 *History of Western Philosophy* 中的一句话。

感谢 Gerald Duckworth & Co. 允许我引用 R. E. Money-Kyrle 所著的 *Psycho-Analysis and Politics*。

感谢 G. Bell & Sons 允许我引用 Herbert Butterfield 所著的 *Christianity and History*。

感谢 Weidenfeld and Nicolson Ltd. 允许我引用 Antonina Vallentin 所著的 *Einstein* 中的段落，并摘录 C. M. Bowra 所著的 *The Greek Experience*。

感谢 Derek Richter 博士与 H. K. Lewis and Co. 允许我引用 W. R. Ashby 发表在 *Perspectives in Neuro-psychiatry* 上的论文 The Cerebral Mechanisms of Intelligent Action。

序言

1. Gibbon, Edward, *The Decline and Fall of the Roman Empire* (Methuen, 1897), Vol. Ⅲ, p. 24.

2. Butterfield, Herbert, *Christianity and History* (G. Bell, 1949), p. 46.

3. Vallentin, Antonina, *Einstein* (Weidenfeld and Nicolson, London, 1954), p. 105.

4. Heim, A. W., *The Appraisal of Intelligence* (Methuen, 1954), p. 33.

5. Whitehead, A. N., *Science and the Modern World* (Cambridge University Press, 1928), p. 9.

6. Heisenberg, W., *The Physicist's Conception of Nature* (Hutchinson, 1958), p. 29.

7. Eddington, A. S., *The Nature of the Physical World* (Cambridge University Press, 1928), pp. 294-5.

8. Jung, C. G., and Pauli, W., *The Interpretation of Nature and the Psyche* (Routledge and Kegan Paul, 1955), pp. 151-2.

9. Huxley, Aldous, *T. H. Huxley as a Literary Man* (Macmillan, Huxley Memorial Lecture, 1932).

第 1 章 自我实现

1. Streeter, B. H., *Reality* (Macmillan, 1935) pp. 313-14.

2. Richter, Derek (Ed.), *Perspectives in Neuropsychiatry* (H. K. Lewis and Co., 1950), p. 79.

第 2 章 人格的相对性

1. Eddington, A. S., *The Nature of the Physical World* (Cambridge University Press, 1928), p. 144.

2. Russell, Bertrand, *History of Western Philosophy* (Allen andUnwin, 1955), p. 710.

3. Donne, John, "Devotions upon Emergent Occasions," from the complete poetry and selected prose, ed. John Hayward (The Nonesuch Press, 1939), p. 538.

4. Conrad, Joseph, *Nostromo* (Coll. ed. J. M. Dent, 1955), p. 497.

5. Freeman and McGhie, "The Psychopathology of Schizophrenia," *Brit. J. Med. Psychol*, pp. 30, 187.

6. Fromm, Erich, *The Fear of Freedom* (Routledge and Kegan Paul, 1950), p. 15.

7. Woolf, Virginia, *The Common Reader* (Hogarth Press, 1925), p. 262.

8. Maclay, W. S., Guttmann, E., and Mayer-Gross, "Spontaneous Drawing as an Approach to some Problems of Psychopathology," *Proc. Roy. Soc. Med.*, 1938.

第3章 成熟的人际关系

1. Buber, Martin, *I and Thou*, transl. R. G. Smith (T. O. T. Clark, 1953), p. 28.

2. Brierley, Marjorie, *Trends in Psycho-Analysis* (Hogarth Press, 1951), pp. 192-3.

3. Jung, C. G., *Modern Man in Search of a Soul* (Kegan Paul, 1941), p. 270.

4. Fairbairn, W. Ronald D., *Psycho-Analytic Studies of the Personality* (Tavistock Publications, 1952), p. 145.

5. ibid., p. 32.

6. ibid., p. 55.

7. ibid., p. 47.

8. Fromm, Erich, *The Fear of Freedom* (Routledge and Kegan Paul, 1950), p. 228.

第4章 人格的发展

1. *Confessions of St. Augustine* (Methuen, 1929), Bk I, Ch. XX, p. 64.

2. Freud, Sigmund, *Introductory Lectures on Psycho-Analysis* (Allen and Unwin, 1943), p. 264.

3. Waley, Arthur, *The Way and Its Power* (Allen and Unwin,

1949), p. 55.

4. Freud, Sigmund, *New Introductory Lectures on Psycho Analysis* (Hogarth Press, 1937), p. 139.

5. ibid., p. 124.

6. ibid., p. 139.

7. Freud, Sigmund, *Outline of Psycho-Analysis* (Hogarth Press, 1949), p. 7.

8. Money-Kyrle, R. E., *Psychoanalysis and Politics* (Duckworth, 1951), p. 49.

9. Fairbairn, W. Ronald D., *Psycho-Analytic Studies of the Personality* (Tavistock Publications, 1952), p. 106.

10. Fairbairn, W. Ronald D., "Observations on the Nature of Hysterical States," *Brit. J. Med. Psych.*, 1954, XXVII, p. 107.

11. The Gospel According to St. Matthew, 18,3.

第5章 新生的人格

1. Huxley, Aldous, *Proper Studies* (Chatto and Windus, 1933), p. 99.

2. Mayer-Gross, Slater, Roth, *Clinical Psychiatry* (Cassell, 1954), p. 190.

3. ibid., p. 277.

4. ibid., p. 279.

5. ibid., p. 220.

6. Freud, Sigmund, *Introductory Lectures on Psycho-Analysis* (Allen and Unwin, 1943), p. 346.

7. Sheldon, W. H., *The Varieties of Temperament* (Harper, 1942).

8. Kretschmer, Ernst, *Physique and Character* (Kegan Paul, 1936).

9. Tanner, J. M., "Physique, Character, and Disease,*" The Lancet*, 1956, p. 637.

第 6 章　认同与内摄

1. Bowra, C. M., *The Greek Experience* (Weidenfeld and Nicolson, 1957), p. 198.

2. Jung, C. G., *Psychological Types* (Kegan Paul, 1938), p. 551.

3. Fairbairn, W. Ronald D., *Psycho-Analytic Studies of the Personality* (Tavistock Publications, 1952), p. 47.

4. Bowley, John, *Child Care and the Growth of Love* (Penguin Books, 1957), p. 58.

5. Jung, C. G., Two Essays on Analytical Psychology (Routledge and Kegan Paul, 1953), p. 141.

6. Fromm, Erich, *The Fear of Freedom* (Routledge and Kegan Paul, 1950), p. 15.

第 7 章　投射与解离

1. Terence, *Heautontimorumenos*, I, i, 25.

2. Jung, C. G., *The Undiscovered Self* (Routledge and Kegan Paul, 1958), pp. 77-8.

第 8 章　认同与投射

1. Plato, *The Symposium*, transl. W. Hamilton (Penguin Books, 1951), p. 78.

2. Frazer, Sir James G., *The Golden Bough* (Abridged edition, Macmillan, 1922), p. 692.

3. Forster, E. M., *Two Cheers for Democracy* (Arnold, 1951), p. 24.

第 9 章　爱与人际关系

1. Song from *The Indian Queen*, words by Dryden and Howard, music by Henry Purcell.

2. Plato, *The Symposium*, transl. W. Hamilton (Penguin Books, 1951), p. 75.

3. Mead, Margaret, *Male and Female* (Gollancz, 1950).

第 10 章　心理治疗过程

1. Forster, E. M., *Howards End* (Arnold, 1910), pp. 183-4.

第 11 章　移情与反移情

1. Blake, William, "The Marriage of Heaven and Hell," *Poetry and Prose of William Blake* (Nonesuch Press, 1927), p. 201.

2. Fairbairn, W. Ronald D., "Observations in Defence of the Object-relations Theory of the Personality," *Brit. J. Med. Psych.*, Vol. XXVIII, p. 156, 1955.

第 12 章　心理治疗与思想灌输

1. Gibbon, Edward, *The Decline and Fall of the Roman Empire* (Methuen, 1897), Vol. I, p. 84.

第 13 章　人格的完整

1. *The Essays of Montaigne*, trans. E. J. Trechmann (The Modern Library-Edition, 1946), p. 206.

2. Fenichel, Otto, *The Psychoanalytic Theory of Neurosis* (W. W. Norton, New York, 1945), p. 50.

3. Jung, C. G., *The Development of Personality* (Routledge and Kegan Paul, 1954), p. 171.

4. ibid., p. 171.

5. Huxley, Aldous, *The Olive Tree and Other Essays* (Albatross Collected Edition, 1937), p. 91.

6. Waley, Arthur, *The Way and Its Power* (Allen and Unwin, 1949), p. 55.

7. Trollope, Anthony, *He Knew He was Right* (Oxford University Press, World's Classics, 1951).

8. Shakespeare, William, *Hamlet*, Act V, Sc. 2.

9. Wiener, Norbert, *Cybernetics* (Technology Press, John Wiley and Sons Inc., New York, 1948).

10. Bash, K. W., "Zurexperimentellen Grundlegung der JungschenTraumanalyse," *Schweiz. Z. Psychol. Anwend.*, 1952, II, 282-95.

社会与人格心理学

《感性理性系统分化说：情理关系的重构》
作者：程乐华

一种创新的人格理论，四种互补的人格类型，助你认识自我、预测他人、改善关系，可应用于家庭教育、职业选择、企业招聘、创业、自闭症改善

《谣言心理学：人们为何相信谣言，以及如何控制谣言》
作者：[美] 尼古拉斯·迪方佐 等 译者：何凌南 赖凯声

谣言无处不在，它们引人注意、唤起情感、煽动参与、影响行为。一本讲透谣言的产生、传播和控制的心理学著作，任何身份的读者都会从本书中获得很多关于谣言的洞见

《元认知：改变大脑的顽固思维》
作者：[美] 大卫·迪绍夫 译者：陈舒

元认知是一种人类独有的思维能力，帮助你从问题中抽离出来，以旁观者的角度重新审视事件本身，问题往往迎刃而解。

每个人的元认知能力是不同的，这影响了他们的学习效率、人际关系、工作成绩等。

借助本书中提供的心理学知识和自助技巧，你可以获得高水平的元认知能力

《大脑是台时光机》
作者：[美] 迪恩·博南诺 译者：闾佳

关于时间感知的脑洞大开之作，横跨神经科学、心理学、哲学、数学、物理、生物等领域，打开你对世界的崭新认知。神经现实、酷炫脑、远读重洋、科幻世界、未来事务管理局、赛凡科幻空间、国家天文台屈艳博士联袂推荐

《思维转变：社交网络、游戏、搜索引擎如何影响大脑认知》
作者：[英] 苏珊·格林菲尔德 译者：张璐

数字技术如何影响我们的大脑和心智？怎样才能驾驭它们，而非成为它们的奴隶？很少有人能够像本书作者一样，从神经科学家的视角出发，给出一份兼具科学和智慧洞见的答案

更多>>>

《潜入大脑：认知与思维升级的100个奥秘》 作者：[英] 汤姆·斯塔福德 等 译者：陈能顺
《上脑与下脑：找到你的认知模式》 作者：[美] 斯蒂芬·M.科斯林 等 译者：方一雲
《唤醒大脑：神经可塑性如何帮助大脑自我疗愈》 作者：[美] 诺曼·道伊奇 译者：闾佳

心理学大师经典作品

红书

原著：[瑞士] 荣格

寻找内在的自我：马斯洛谈幸福

作者：[美] 亚伯拉罕·马斯洛

抑郁症（原书第2版）

作者：[美] 阿伦·贝克

理性生活指南（原书第3版）

作者：[美] 阿尔伯特·埃利斯 罗伯特·A.哈珀

当尼采哭泣

作者：[美] 欧文·D.亚隆

多舛的生命：
正念疗愈帮你抚平压力、疼痛和创伤（原书第2版）

作者：[美]乔恩·卡巴金

身体从未忘记：
心理创伤疗愈中的大脑、心智和身体

作者：[美]巴塞尔·范德考克

部分心理学（原书第2版）

作者：[美]理查德·C.施瓦茨 玛莎·斯威齐

风格感觉：21世纪写作指南

作者：[美] 史蒂芬·平克